クリエイティブ産業論
ファッション・コンテンツ産業の日本型モデル

中 村 仁

慈学社

目　　次

序論　日本型クリエイティブ産業とファッション・コンテンツ産業

第 1 章　日本型クリエイティブ産業とファッション・コンテンツ産業 …… 8
  1　研究の目的　8
  2　クリエイティブ産業の本研究における定義　10
  3　日本型クリエイティブ産業及び関連する用語の定義　15
  4　産業論に関する先行研究の整理　18
  5　本研究の研究方法　22
  6　本研究の概要　23

第 1 部　クリエイティブ産業の特徴
──ファッションとコンテンツの共通性

第 2 章　日本型ファッション産業の特徴 ………………………………30
  1　日本の繊維・ファッション産業　30
  2　製造業としての繊維・ファッション産業とファッション・デザイナーの育成　32
  3　「渋谷系」ファッション産業が持つ特徴　34
  4　日本型ファッション産業の今後　38

第 3 章　コンテンツ産業が産み出す作品がファッション産業に与える影響 ……………………………………………40
  1　コンテンツ産業とファッション産業の関連性　40
  2　ポップカルチャーファッションにおける流行の伝播　40
  3　ポップカルチャーとファッション　43
  4　日本における特徴的なポップカルチャーファッション　49
  5　日本発ポップカルチャーによる民間外交　55
  6　ポップカルチャーファッションの実体化　57

第2部 クリエイティブ産業の構造分析
——消費者行動・商業集積と起業環境

第4章 クリエイティブ産業における消費者行動の特徴——「渋谷系」におけるオピニオン・リーダー層の変化と消費者行動を中心に …………60

  1 クリエイティブ産業における流行の伝播　60
  2 トリクル・ダウンによる情報の伝播——有閑階層からより下の階層へ　61
  3 ボトム・アップによる情報の伝播——「渋谷系」ファッションの特徴　64
  4 「渋谷系」の消費行動　76
  5 ファッションの流行における脱社会階層がもたらした影響　77
  6 秋葉原を主たる消費地とするコンテンツ産業との比較　78

第5章 クリエイティブ産業に関する商業集積の形成過程——渋谷地域と秋葉原地域の比較から …………80

  1 はじめに　80
  2 対象地域の選定と研究手法　81
  3 戦後復興初期の東京　83
  4 闇市から店舗へ　84
  5 街区整備から再開発へ　85
  6 高度に専門化した広域的商業集積地　86
  7 秋葉原に関する商業集積に関する先行研究　87
  8 秋葉原の歴史　90
  9 新たな商業クラスタの発生と継続　95
  10 渋谷地域の概要　96
  11 道玄坂共同ビルの事例　98
  12 渋谷のデベロッパー主導による開発の影響　100
  13 結　語　102

第6章 日本型クリエイティブ産業の起業環境——分業と協業体制 …………103

  1 はじめに　103
  2 日本のPCゲーム市場　103

3　ノベルゲームとは　105
　　4　ノベルゲーム開発の行われ方　108
　　5　参入が容易なPCゲーム市場　109
　　6　渋谷系ファッション産業との比較　109

第3部　クリエイティブ産業を支える制度——教育と政策

第7章　クリエイティブ産業における教育——ファッション産業における実務家等の関与を中心に……112
　　1　はじめに　112
　　2　大学教育における実務家教員の参加　113
　　3　実務家が関与する専門的な能力開発　115
　　4　実務家・業界団体等の教育機関の設立　116
　　5　ファッション教育における実務家の参画　117
　　6　海外教育機関の事例　118
　　7　日本におけるファッション教育への業界団体・実務家の参加　124
　　8　コンテンツ産業における教育との比較　129

第8章　共管競合する政策領域における行政組織の行動——コンテンツ産業を中心に……131
　　1　行政組織が産業組織に与える影響　131
　　2　共管競合する政策領域と先行研究　132
　　3　共管競合する政策領域における行政の行動　133
　　4　コンテンツに関する領域への関与と競合　138
　　5　人的リソースからの検討　143
　　6　変革が難しい行政組織の定員　150

第9章　結論　日本型クリエイティブ産業の姿とあるべき方向性……152
　　1　日本型クリエイティブ産業の構造　152
　　2　新たな産業としての日本型クリエイティブ産業　155
　　3　日本における産業政策　155
　　4　日本型クリエイティブ産業に求められる制度　161
　　5　産業間または産業を横断するサービスチェイン　163

　　参考文献（英文／邦文）　166　　図表一覧　175
　　あとがき　177　　索　引　182

序　　論

日本型クリエイティブ産業と
ファッション・コンテンツ産業

第1章

日本型クリエイティブ産業と
ファッション・コンテンツ産業

1　研究の目的

　本研究は産業論の視点から日本型クリエイティブ産業についてその構造を分析するとともに、教育制度・行政制度の２側面からこの産業を支えるシステムを明らかにすることで現代の日本型クリエイティブ産業とは何かを明らかにし、産業振興のために必要な制度について考察することを目的とする。

　商品・サービスが持つ価値は、機能面に着目した機能的価値ならびに非機能的価値に大別される[1]。機能的価値が商品・サービスの仕様や性能から直接に産み出される価値であるのに対し、非機能的価値は消費

（１）　非機能的価値の定義・分類は複数存在する。例えば、延岡（2006）は「顧客が機能そのものに対して対価を支払うのではなく、その商品に対して特別な意味を見出し、その意味に対して対価を支払う商品」を「意味的価値」が重視される商品と説明している。また、経済産業省（2007）は、「生活者の感性に働きかけ、感動や共感を得ることによって顕在化する経済価値」として感性価値という言葉で、定義している。しかしその多くが、定義された価値をさらに細分化するために用いていることから、本稿においては用語が示す特性がもっとも含意に近い用語として遠藤（2007）が用いる「人間の情緒・感性に働きかける価値」としての情緒的価値を使用する。

者の感性に訴える情緒的な価値である。この非機能的価値について、長内（2008）は「顧客の感性や感覚に訴える定性的で情緒的な価値」と説明している。

この価値について、本研究においてはこれを「情緒的価値」とし、情緒的価値が機能的価値を上回る製品・サービスを提供する産業を「クリエイティブ産業」と定義する。

わが国はこのような情緒的価値を産み出す産業に注目し、育成を手がけてきた。通商産業省は「70年代通商産業ビジョン」（通商産業省（1972））において「知識集約化」という産業概念を提示し、「製品に対する高度多様な消費者の欲求を充足するために、その商品の開発または、製造の過程において、デザイン、考案、配色等の創出が決定的な役割を果たすような産業であり、具体的には高級衣類、高級家具、住宅用調度品、電気音響器具、電子製品など」を「ファッション型産業」として提示した。また、知的財産戦略本部コンテンツ専門調査会（2004）において、映画、音楽、アニメ、ゲームソフトを「コンテンツ」と定義し、コンテンツビジネス振興を国家戦略の柱とすることを提言している。さらに、内閣（2010）の新成長戦略において、「我が国のファッション、コンテンツ、デザイン、食、伝統・文化・観光、音楽などの「クール・ジャパン」は、その潜在力が成長に結びついておらず、今後はこれらのソフトパワーを活用し、その魅力と一体となった製品・サービスを世界に提供することが鍵」と説明している。このように政府はこれらの産業の振興を図っていた[2]。この3つの施策では政府が情緒的価値が機能的価値よりも重要視されるクリエイティブ産業の振興を目的としていたことが読み取れる。

しかし、これらの振興策が効果的であったか否にかついては検証の余地がある。過去に情緒的価値が価値の中心となる商品・サービスに対して行われたこの3つの振興政策の問題点として、次のことが挙げられる。第1に情緒的価値を基礎的な価値とする産業、とりわけコンテンツやファッションなどの産業は比較的歴史の浅い産業分野であり、その多く

（2）　クールジャパンならびにクールジャパン戦略については、鈴木（2013）を参照。

はこれまで学術的な研究対象となることが相対的に少なく、その構造が明らかとなってこなかったとともにこれらの産業に属する事業者自身もこれらを把握していない可能性が高いことである。第2に、政府のクリエイティブ産業の振興の経験は他の産業に比べて少なく、人的資本の不足や政策手法の確立が難しいことが挙げられる。第3に意図的であるかを問わず定義が曖昧であるために、結果的に幅広い産業を対象とした施策となってしまい、そのために非成長ないし衰退分野を含むさまざまな産業に政策投資が分散し、結果として選択と集中が行われたとは言いがたいことである。

このようにわが国の中心的産業の1つとなったにも関わらず、歴史的な積み重ねも浅く、その産業構造に明らかでない部分も多く、政府の政策的介入手法も確立されていないクリエイティブ産業の構造ならびに制度の分析は急務であると考えられる。

これらを踏まえ本研究は日本型クリエイティブ産業について、渋谷地域を中心とする日本型ファッション産業ならびに秋葉原地域を中心とする日本型コンテンツ産業を事例とし、その構造を消費者行動・商業集積ならびに起業の視点から分析するとともに、産業を支える制度としての教育・行政の構造を分析することで、いかなる特徴を持つのかを明らかにする。そしてこれらを踏まえ、日本型クリエイティブ産業の構造に適した制度のあり方を明らかにすることを目的とする。

2　クリエイティブ産業の本研究における定義

本節では、本研究における日本の新しい基幹産業としてのクリエイティブ産業とは何かを定義する。太下 (2009) は、2009年以降、中長期的な持続的成長のためにクリエイティブ産業に注目が集まり、多くの政党及び行政機関が関連する戦略やプランを策定したことを指摘している。しかし、クリエイティブ産業の定義は多岐にわたり、明確ではない。本研究においては出口 (2009b) が定義する超多様性市場への定義の際に

扱った日本型の新しいコンテンツ産業並びにファッション産業をクリエイティブ産業に含まれる産業として対象とするが、そもそもクリエイティブ産業とは何かを定義することが必要となる。

　田中（2009）はコンテンツ産業について、文化産業（cultural industries）、創造産業（creative industries）、著作権産業（copyright industries）など、類似の概念を比較することで整理している。このように、クリエイティブ産業は、類似の産業が存在し、かつこれらの産業と重複する点も多い。クリエイティブ産業の定義において、多く使われる定義は、英国文化・メディア・スポーツ省（DCMS）による定義である。DCMS（2001）ではクリエイティブ産業を "those industries which have their origin in individual creativity、skill and talent and which have a potential for wealth and job creation through the generation and exploitation of economic property"[3]と定義しており、田中（2009）では「個人の創造性、技能および才能に起源を持ち、知的財産の生成や開発を通じた富や雇用の潜在的可能性を有する産業」[4]と解釈している。またDCMS（2001）では具体的な分野として、Advertising、Architecture、Art and antiques、Crafts、Design、Designer fashion、Film and video、Interactive leisure software、Music、The performing arts、Publishing、Software and computer services、Television and radioの13分野を提示し、DCMS（2007）、DCMS（2011）もこの定義に基づいている。

　また、国際連合貿易開発会議（UNCTAD definition of the creative industries：UNCTAD）は、UNCTAD（2008）、UNCTAD（2010）において、クリエイティブ産業を「創造性や知的資産を第一義的なインプットとして活用した製品・サービスの制作・製作・流通に関わる一連のサイクルである」、「貿易や知的財産権からの収入を生み出す潜在力のある一連の知的な活動からなり、アートに焦点が当たるがそれにとどまらないものである」、「有形の製品及び無形の知的または芸術的サービスであって、

（3）　DCMS, p.5．（http://www.culture.gov.uk/images/publications/part1-foreword2001.pdf）
（4）　田中（2009），118頁。

創造的な内容、経済的な価値、そして市場ニーズをともなうものである」、「職人技、サービス、そして産業が交差するところにある」、「国際貿易において新しくて活力に満ちた産業セクターを構成する」と定義している[5]。また、クリエイティブ産業として以下を列挙している。

Traditional cultural expressions：Art crafts、festivals and celebrations

Cultural sites：Archaeological sites、museums、libraries、exhibitions、etc

Visual arts：Paintings、sculptures、photography and antiques

Performing arts：Live music、theatre、dance、opera、circus、puppetry、etc

Publishing and printed media：Books、press and other publications

Audiovisuals：Film、television、radio、other broadcasting

New media：Software、video games、digitized creative content

Design：Interior、graphic、fashion、jewelry and toys

Creative services：Architectural、advertising、creative R&D、cultural & recreational

また、日本においては経済産業省が、2012年12月現在クリエイティブ産業に関わる課として商務情報流通政策局に生活文化創造産業課（クリエイティブ産業課）を設置し、以下の所掌事務を担当しており、この所掌事務によってクリエイティブ産業とは何かを定義している。

1. 経済産業省の所掌に係るサービス業のうち生活文化の創造に関連するものの発達、改善及び調整に関すること（ヘルスケア産業課及び文化情報関連産業課の所掌に属するものを除く。）。
2. 経済産業省の所掌に係る事業のうち生活文化の創造に関連する

（5） 日本語訳については株式会社野村総合研究所「平成23年度　知的財産権ワーキング・グループ等侵害対策強化事業（クリエイティブ産業に係る知的財産権等の侵害実態調査及び創作環境等の整備のための調査）報告書」2012より引用。

ものに関する事務の総括に関すること。
3. 第9条第3号及び第14号に掲げる事務であって、次に掲げる物資に関するものに関すること。日用金属製品及び日用合成樹脂製品、陶磁器及びほうろう鉄器、ガラス製品（製造産業局の所掌に属する事務に係るものを除く。）、マッチ、コルク及び木竹製品、運動用具、文房具及び楽器、おもちゃ、喫煙具、装身具及び傘、包装材料、その他雑貨工業品（製造産業局の所掌に属する事務に係るものを除く。）。
4. デザインに関する指導及び奨励並びにその盗用の防止に関すること。
5. 伝統的工芸品産業の振興に関する法律（昭和49年法律第57号）の施行に関する事務の総括に関すること。
6. 地域伝統芸能等を活用した行事の実施による観光及び特定地域商工業の振興に関する法律の施行に関すること。

併せて、DCMS（2001）並びにUNCTAD（2008）の定義に含まれているコンテンツ産業については、メディア・コンテンツ産業に関わる組織として、文化情報関連産業課（メディア・コンテンツ課）が設置されており、以下の所掌事務を担当しており、この所掌事務によってコンテンツ産業とは何かが定義されている。
1. 情報処理の促進に関する事務のうち、符号、音響、影像その他の情報の収集、制作及び保管の促進。
2. 情報処理の促進に関する事務のうち、ゲーム用ソフトウェアに関すること。
3. 映画産業その他の映像産業の発達、改善及び調整。
4. 印刷業及び製本業の発達、改善及び調整。
5. 第9条第3号及び第14号に掲げる事務であって、レコードその他情報記録物に関するものに関すること。
6. 広告代理業の発達、改善及び調整。
7. 経済産業省の所掌に係るサービス業のうち前各号に掲げる事務に関連するものの発達、改善及び調整。

なお、総務省においては情報流通行政局に情報通信作品振興課（通称：

コンテンツ振興課）が設置されており、以下の所掌事務を担当しているが、「情報通信作品」という文言以上にはコンテンツとは何かは明らかではない。
1. 情報通信作品の収集、制作及び保管の促進。
2. 情報通信作品に係る情報の電磁的流通の円滑化のための制度の整備その他の環境の整備。

また、出口（2009a）はコンテンツ産業について、「デジタル、アナログを問わず、マンガや小説、ゲーム、映画、テレビ、音楽のような複製可能な表現のコンテンツを取り扱う産業のことを指し示すものとする」とし、河島（2009）は「コンテンツ産業とは、音楽、映像、ゲーム、マンガ、アニメなどの文化的・娯楽的作品を製品として生産、流通、販売していく営利産業を指している。これらの多くは著作権（や商標権などの知的財産権）で保護されており、これを活かした形で富を生み出していることに着目し、（特にアメリカでは）著作権産業とも称する。一般的には、海外では、創造的産業（The Creative Industries）、文化産業（The Cultural Industries）と呼ばれることが多く、この場合には、美術や舞台芸術などの非営利的芸術活動および、建築、広告、ソフトウェアなど、文化的側面のみならず機能的側面を合わせ持つ財を生産する産業までもが含まれることもあり、広範囲にわたる。」[6]と定義している。

このように、比較的具体的に製作物が明記されているコンテンツ産業と比べ、いくつかの研究等で提示されているクリエイティブ産業の定義は極めて幅広く、既存の産業にクリエイティビティとしての価値が付加されれば全ての産業がクリエイティブ産業であると定義することも可能である。

以上を踏まえると、クリエイティブ産業の定義には大きく3つの方向性がありうる。第1は、企業活動において少しでもクリエイティブによる付加価値が存在する産業は全てクリエイティブ産業であるという定義

（6） 河島（2009），3頁。

である。第2は、ある産業が持つ創造性の有無ないし多寡が産む付加価値が、非創造性のそれを上回るように、付加価値の源泉がクリエイティブである産業をクリエイティブ産業とする定義である。第3は、企業においてその付加価値の源泉を圧倒的にクリエイティブに依存する産業という定義である。

本研究においては第2と第3の定義の中心に位置する立場であり、「クール・ジャパン」などで定義される「情緒的価値を持つ」か否かではなく、主にUNCTAD (2008) を援用し「創造性や知的資産を第一義的なインプットとして活用した製品・サービスの制作・製作・流通に関わる産業」、つまり情緒的な価値がその大部分を占める商品・サービスを供給または流通する産業として定義する。

3　日本型クリエイティブ産業及び関連する用語の定義

本研究では、前節で説明されたクリエイティブ産業の定義を元に、渋谷系の日本型ファッション産業ならびに秋葉原系の日本型コンテンツ産業について定義する。

図1-1は、ファッション産業における業種別の商品供給サイクルと供給される品種を図示したものである。ただしロットについては各店舗ではなく、市場全体に供給する際の生産規模である。ファッション産業の構造として、多く取り挙げられる構造の第1はパリ等を文化の中心とするオートクチュールならびにその派生としてのプレタポルテであり、これらはトリクルダウンに情報が伝播する伝統的なファッションである。また近年はH&MやForever 21を代表例とする、短いサイクルで世界規模の大量生産・販売を行うファストファッションや、ユニクロのように比較的長いサイクルで機能性衣料品を大量生産・販売する仕組みが多くの研究対象となっている。また、長期のサイクルを前提として、自社店舗で販売する商品をアフリカ等で生産し船便で輸送するメーシーズなどの米国系デパートで用いられる仕組みも存在する。しかし本研究で取

図1-1 ファッション産業におけるサイクルと多様性

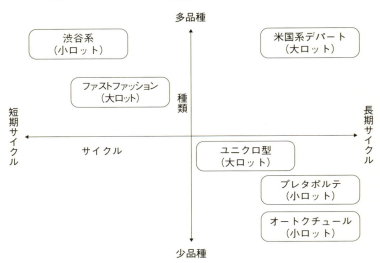

り上げている、「渋谷系」と呼ばれる2週間～1カ月ほどのサイクルで多品種少量生産により商品を供給するSHIBUYA 109を中心としたファッション文化に属する産業はこれらとは違う特徴を持つため、本研究ではこれを渋谷系の日本型ファッション産業[7]として定義する。

また、コンテンツ産業について、小山（2009a）はハリウッドメジャー型と日本型に分類[8]し、ハリウッドメジャー型が「1）制作者のプロフェッショナル主義、2）厳密な権利管理、3）大作指向（ブロックバスター主義）による、ハイリスクなビジネス」であるのに対し、日本型は「1）制作者のプロ・アマの境界が曖昧さによって生み出された膨大なクリエイターとその候補者たち、2）緩やかな権利管理、3）大規模作品のみでなく中小も含めた分厚い市場」であると説明している。またこのよ

（7） 本研究はこの「渋谷系の日本型ファッション産業」を主たる研究対象とし、これを他の産業と比較している。
（8） 小山（2009），61頁。

うな産業において、本研究においても日本型コンテンツ産業を、このように定義する。そして秋葉原を主たる消費地とする、PCゲーム産業のように制作体制の多くを外部に依存することによって1人～数人であっても参入可能であり、競争企業との協業が一般的な形の産業を秋葉原系の日本型コンテンツ産業と定義する。このような日本型コンテンツ産業は出口（2009a）に示されたように、「小規模で極めて多様な作品の累積から構成される超多様性市場（Hyper Variety Market）」であり、「ユーザ参加型の創作と評判（Creation and Reputation）の相互作用に依拠する創造プロセス」が特徴的である。

表1-1はコンテンツ産業システムを日本型・ハリウッド型に分け、その特徴を分類したものである。日本型はハリウッド規模に対して小規模であり、プロ・アマ混在で権利関係も緩やかである。

表1-1　2つのコンテンツ産業システム

秋葉原系PCゲーム産業		
	日本型	ハリウッド型
制作者	プロ・アマ混在	プロ
権利管理	緩やか	厳密
規模	中小～大規模	大規模

（小山（2009a）より筆者作成）

表1-2はファッション産業を渋谷系・モードに分け、その特徴を分類したものである。モードはデザイナーがキーコンセプトを担い、他社の商品を真似た商品を作らないよう厳密な権利管理を行い、プレタポルテも含めれば大規模な複製を行う。一方で渋谷系は販売員等の感性や情報に基づき商品開発がなされ、他社のデザインと似通っている可能性は怖れず、多品種少量生産のため生産規模はモードと比較して小さい。

これらコンテンツ産業における秋葉原系、ファッション産業における渋谷系に代表される日本型クリエイティブ産業は、受け手と創り手が共進化する超多様性市場であるというのが本研究のスタンスである。ただし、その前提としてファッション産業においてはアパレルの各製品を

表1-2 渋谷系とモードのファッション産業システム

渋谷系ファッション産業		
	渋谷系	モード
制作者	販売員等	デザイナー
権利管理	緩やか	厳密
規　模	中小	大

パーツとして、それらを組み合わせた着こなしをもって完成品と扱う。日本型クリエイティブ産業においては、ある商品の製作者は同時に他の商品の消費者であり、緩やかな権利管理の中で短期間のサイクルで新たな商品を供給・消費してゆくことで、相互作用を産み出す。日本型クリエイティブ産業ではこのような形で多様性を産み出す構造となっている。

4　産業論に関する先行研究の整理

　個々の産業に関する分析を行うにあたり、第一次産業（農業）、第二次産業（製造業）、第三次産業（サービス業）と区分する一方、現代では企業や労働者が単純にこの分類にあてはめられる構造から大きく変化している。例えば、農業に関する技術の向上によって、農家は農作物を生産するとともに農産加工品を生産することで第二次産業に、これらを直接販売することで第三次産業に、というように複数の領域にまたがった存在となりうる。この変化には農業技術の向上、農産加工品を生産する製造設備の向上とともに、インターネットの普及等による直接販売への参入が容易になったことが挙げられる。このような場合、この農家が産み出す付加価値は第一次から第三次産業までの全ての段階から産み出されている。

　このように、食料・エネルギー事情の改善を目的とした第一次産業中心の時代、かつての中心的輸出製品としての製糸産業振興や国内需要を

満たすための造船・鉄鋼・戦争関連産業を振興した第二次産業中心の時代を経て、サービス業としての第三次産業が発展したという流れがある。そして、第一次から第三次までの産業が融合している現在においては、産業に関する分析には新たな視座が求められる。ここで求められるのは、業種や業態を横断したある商品群を供給するビジネスを一つのまとまりとしてとらえ、この仕組みを「見える化」し、国内外においてより競争優位になるための産業政策の検討である。

これまで行われてきた産業論研究の多くは、高度成長期の個別の産業分野に関する分析、ないしはその産業を対象とした産業政策に関する研究である。ここで行われた研究の多くは大型装置産業を中心とした第二次産業であり、合理化や量産化を主たる関心としていた。産業政策についても、補助金や政策投資、ないし民間金融の統制による産業資金の融通が中心であった。この時代の産業論に関する先行研究においては、個別産業の分析、ないし産業と産業の関わりに関する研究となる。代表的な研究として西藤（1960）は、産業論を「もろもろの企業群としての産業における、国民経済的ないわば存在の法則を明らかにする」と定義しており、これを経済学と経営学にまたがる新領域であると説明した。また、狭間（1973）は産業論を「産業論の研究対象は、いうまでもなく、個別産業部門である。その課題は個別産業部門の再生産条件を分析し、そこにおける資本の運動形態を追求することにある。」[9]と定義した。さらに、高橋（1978）は個別産業部門の研究を、個別産業の背景となる「産業と産業の関わり」ならびに個別産業分析の方的基準となる「企業内の諸関係の発展」「企業間の諸関係の発展」の視点からの分析として提示した[10]。これらの研究においては、産業論とは産業が継続して存在するための諸条件、ないしその実態の分析が中心であった。また、岡澤（1994）は「特に『産業』は対象として強く人に即するものであると同時に，体系化にあたって，その学問的未分化のゆえもあって，理論，歴史，政策を一体として論じなければならぬ」と指摘し、「『現代産業』

（9） 狭間（1973），はしがき。
（10） 高橋（1978），はしがき。

に関する実体的認識」と、「『政策論』そのものの理論的な構造」の視点から考察する「現代産業論・政策論」の枠組みを提示することで政策論の重要性を指摘した[11]。

このような産業構造の実態分析の他、他の産業へ応用可能な要素に関する研究も行われている。山崎（1991）は、実物経済を扱う産業論の伝統的分析枠組みである産業組織論・産業構造論・産業政策論はそれぞれ理論や分析の目的が異なり体系化ができないと指摘[12]し、産業論の目的は「構造転換の担い手である新産業、成長産業、衰退産業の物質的・技術的基盤の解明」を目的とする[13]と説明した。

産業を構成するステークホルダーの行動に関する研究として、橋本（2001）は高度成長期における企業・産業ならびに産業政策を担当する政府の動きを考察し、「復興期・高度成長期における日本経済に視座を定めると，二つの課題が浮かび上がるであろう。第1は，きわめて厳しい戦後の初期制約条件に対して日本企業はどのようにして創造的・革新的に適応し，環境適合的な企業システムを創出してきたのか，という課題であり，第2は，政府はその厳しい制約に対して，それをいかにして緩和したり，企業の創造的な適応への努力を支援したか，という課題である。」[14]と述べ「企業行動，経営者の行動，政策策定者の行動いずれをとっても創造的な適応，革新的な行動が重要だ」[15]と主張した。また、松井（2013）は「産業単位で観察される技術、製品の物理的・化学的性質、具体的な生産活動に焦点を当て、それらと企業組織、事業展開、立地、国際競争力など社会科学的側面との関連を分析する視点」を産業論の視点と説明し、企業の経営戦略と結びつけた。そして、山本（2012）はグローバル競争が激化する中で日本が先進国化によって労働力が高コストとなったことから、日本人の国内雇用を維持するためにはこれまでとは違う高付加価値産業を国内で振興することが必要であることを経済

---

(11) 岡澤（1994），3頁。
(12) 山崎（1991），401頁。
(13) 山崎（1991），411頁。
(14) 橋本（2001），11頁。
(15) 橋本（2001），13頁。

政策の視点から指摘している。

　また個々の産業とは別に地理的概念を含む産業集積について、阿部(2007)は清成(1972)が提示した都市型産業論として、首都圏の大都市地域以外では成立が難しい業種が東京に集積されるとともにこれらの業種で新たな零細企業の顕著に増大する一方、東京に立地することが不適当とされた業種が隣県に分散されるなど、大都市ならではの産業集積の特殊性を指摘した。

　これらの研究に見られるように、産業論は経済学を出発点とし、経営学・商学、経済政策や行政学など複数の分野が融合する学際的分野としての性質を持つ。また、これまで挙げた先行研究の多くの対象は大型装置産業としての化学・造船や自動車などの第二次産業が中心である。しかし、2005年の国勢調査において、産業3部門別15歳以上就業者の割合は、第一次産業が4.8％であるのに対し、第二次産業は26.1％、第三次産業は67.2％となっており、第三次産業に関する産業論の視点からの研究も求められる。ただし前述のように、一方でこの第一次から第三次という部門の区分そのものが揺らぎつつあり、この区分を超えて存在する産業を研究対象とすることは、より時代にあっていると言える。

　ファッション産業やコンテンツ産業においては、大型装置産業と比較して企業規模は小さく、個人経営に近いケースも多い。そのため、会計や法務など企業経営におけるバックヤードが十分であると言えない場合も多い。近年、産業政策としての中小企業政策においてこれらの産業が対象となることもある。例えばアニメーション制作においては下請法ガイドラインが策定されたが、これは制作側に小規模事業者が多いことに比べ発注側はテレビ局などの大企業であることから、企業法務面でのバックヤードが充分でないことで取引が不利になることがないよう、適正取引を推進するために進められた取組みである。現代ではこのような、高度成長時代とは違い、行政に求められる行動は補完性の原理を原則としつつ、新たな仕組みを提案する形での、新たな産業政策が求められる時代に変化した。

5　本研究の研究方法

　本研究は、文献等の資料やインタビュー、フィールドワークによって質的データを収集する質的調査法を用いた。これは、本研究で扱うクリエイティブ産業分野は研究の蓄積が多いとは言えず、公刊資料のみでは情報が不足しており、インタビューならびにフィールドワークによって補完することが必要であったことによる。インタビューは非構造化面接法を用いた。これは、構造化面接法ないし半構造化面接法を用いることでインタビュイーの回答に影響を与えることを避けること、また文献等によって明らかになっていない事象を明らかにするため、仮説の設定が困難である場合が多かったことがその要因である。ただしインタビューの前提としてフィールドワークを行い、インタビュイーの選定や前提となる環境を調査した。一般に、質的調査法は量的調査法を用いた場合に比較して得られる情報に同等の信頼性を得ることは難しい。しかし、本研究においてはある事実の関係者が必ずしも多いとは言えず、フィールドワークならびにインタビューで得られた情報と事実を突き合わせる形でしか明らかにすることが難しい場合が多いため、本研究において量的調査法の枠組みは原則として用いていない。インタビュイーが母集団の代表足りうるかという指摘については第1に、前述のように関係者が限られる場合が多く、第2に母集団の代表たりうるインタビュイーを選定するためにフィールドワークを実施しており、質問者が接触を図る対象を事前に選定したことによって担保した。このように、本研究は定性的研究に位置づけられる。King et al. (1994) は「定性的研究と定量的研究はともに，体系的でありうるし，科学的でもありうる」[16]とし、「定性的研究は，一つ，もしくは少数の事例に着目し，徹底的な聞き取り調査を行ったり，歴史的資料を綿密に分析する傾向を持つ．」と説明した。

　　（16）　King et al. (1994) の翻訳書である真渕 (2004)，3頁。

また、インタビューならびにフィールドワークの手法については御厨（2007）を参考とした。

なお、インタビューについては文部科学省平成21年度「人文学及び社会科学における共同研究拠点の整備の推進事業」委託費による「服飾文化共同研究」の研究課題の公募事業（服飾文化共同研究拠点・文化女子大学文化ファッション研究機構）による共同研究「日本ファッションにおけるポップカルチャー的背景に関する研究――戦後日本のポップカルチャー資料収集を中心に」（共同研究者：田中里尚・中村仁・梅原宏治・工藤雅人・古賀令子）[17]ならびに文部科学省平成22年度「人文学及び社会科学における共同研究拠点の整備の推進事業」委託費による「服飾文化共同研究」の研究課題の公募事業（服飾文化共同研究拠点・文化女子大学文化ファッション研究機構）「ファッション分野における政策的支援に関する研究――国内外の産業・文化政策を中心に」（共同研究者：中村仁・三輪田祐子・富吉賢一・中川勉・田中秀幸）[18]の成果としてファッション産業を中心に調査を行い、さらに追加しての収集も行った。

ただし、本研究においてはインタビュー記録そのものを引用することは最低限に留め、インタビューに得られた情報を元に資料を探索し引用する手法を用いた。これはインタビューによって得られた情報の多くが関連するビジネスにとってオープンな情報ではない場合が多く、これらを直接引用することが難しいことによる。

6　本研究の概要

本研究は産業論の視点から日本型クリエイティブ産業についてその構造を分析するとともに、教育制度・行政制度の2側面からこの産業を支えるシステムを明らかにすることで現代の日本型クリエイティブ産業と

---

(17)　同研究の成果については田中他（2012）参照。
(18)　同研究の成果については中村他（2013）参照。

24　序　論　日本型クリエイティブ産業とファッション・コンテンツ産業

図1-2　本研究の概要図

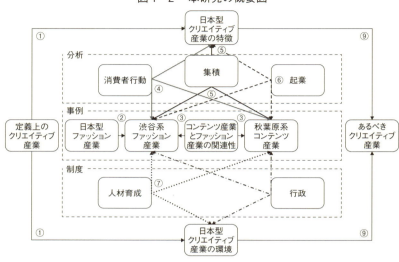

は何かを明らかにし、産業振興のために必要な制度について考察することを目的とし、3部9章で構成されている。以下に図1-2により、本研究の構造を説明する。図1-2内の数字（①～⑨）は、それぞれ対応する章の記載内容に対応する。ただし序章は①、終章は⑨とする。

　第1部は**第2章・第3章**から構成され、クリエイティブ産業としてのファッション産業、とりわけ日本型ファッション産業が持つ特質について整理し、コンテンツ産業との関連性ならびに流行の伝播の枠組みを示すことで、クリエイティブ産業におけるファッション・コンテンツ産業が比較による議論の対象となりうることを提示する。**第2章**では、渋谷を中心とする若者向けファッション産業が、前章で述べた米国系デパートやユニクロ系はもちろんのこと、技術力やデザイン力中心のこれまでの日本の繊維・ファッション産業と違い、ユーザ参加型の創作と評判の相互作用を持つ超多様性市場であることを説明する。**第3章**では日本の新しいコンテンツ産業が産み出すポップカルチャー作品とファッション・音楽が互いに影響を与え、流行が言わば個々の産業の垣根を超えて

伝播していることを指摘する。

　第2部は第4章・第5章・第6章から構成され、産業における消費者行動・商業集積ならびに起業環境について、日本型クリエイティブ産業としてのコンテンツ産業ならびにファッション産業、またこれらを産み出す秋葉原地域ならびに渋谷地域を比較することで、双方の同一点と相違点を明確とすることを目的とする。第4章では特に渋谷等の地域に見られる若者向けストリート・ファッション（以下「渋谷系」）に焦点をあて、消費者に影響を与える情報の伝播が脱社会階層化し、上流から下流へのトリクル・ダウンの情報の伝播より消費者間のボトム・アップな情報の流れが重要となっていることを説明し、渋谷の事例からはユーザが流行とそこから産まれる需要の鍵を握っており、企業はこの流れに対応するように少量多品種の商品を供給していることを明らかにする。そして、これらを秋葉原地域を中心とするコンテンツ産業と比較し、双方が日本型の模倣と趣向を共有し遊ぶ文化であり、受け手が強い評価のネットワーク力と触媒力を持ち、かつ供給する企業等がこれらの文化を理解しマーケットの前提として参入している産業であると説明した。一方で、コンテンツ産業とは流行に対応する速度、複製の許容の幅については相違があり、双方の比較においてはこれらに留意する必要があることを明らかとした。第5章では日本のコンテンツ産業の中心地の1つである秋葉原地域とファッション産業の中心地の1つである渋谷地域を事例とし、双方が広域的商業集積地は単なる商業の中心地という役割に留まらず、先端的な消費者が集まり、店舗側もそれに応えるという相互作用によって新たな商品・サービスを産み出すイノベーションの発生源という役割も担っていることを説明する。一方、発足が闇市であったという点で出自を同じくするものの、中小企業の集合が主導した秋葉原地域ではさまざまな業種が重層構造で存在しているのに対し、大企業中心の開発が行われた渋谷地域では、塗り替えられるかのように特定の業種が席巻している点は相違があり、双方の比較においてはこれらに留意する必要があることを明らかとした。第6章では秋葉原を市場の中心とするPCゲーム産業に焦点をあて、渋谷系ファッション産業と比較することで検討する。PCゲーム産業は個々の投資が大規模ではなく、また個々の専門職

の分業・協業体制が整備されており、組織がアドホックに成立していることから新規参入が容易であることが明らかであり、起業環境として揺籃地において地理的な近接と、それが産み出す横の交流が重要であることを明らかにする。一方で、PCゲーム産業の多くが商品供給のサイクルが長く商品の販売を外部資本の店舗に依存するのに対し、渋谷系ファッション産業は商品供給のサイクルが短く直営店が中心である点は相違があり、双方の比較においてはこれらに留意する必要があることを明らかにした。このように、さまざまな商品の市場への供給において速度の違いや販売環境には相違があるものの、脱社会階層化した流行の伝播が行われていること、商業集積地が産業に大きな影響を与えていること、起業環境において個々の専門職の分業・協業体制が整備されており、組織がアドホックに成立していることなど、多くの共通点があることを明らかにした。

第3部は第7章・第8章から構成され、日本型クリエイティブ産業を支える制度として、教育と行政の2点に着眼し、制度が実態に適応しているかを明らかにする。

第7章ではファッション分野における大学等での教育を事例とし、実務家が教育に参画することが重要である認識されつつも、米国・イタリアなどの事例に比較して日本では多くの規制により実現は一部に留まっていることを説明する。第8章ではコンテンツ産業に関わる行政組織として経済産業省と総務省の担当部局における人的資源の増減を分析し、組織の新設がなされているものの、人的資源の投入は柔軟には行われていないことを指摘する。これらのことから、日本型クリエイティブ産業に対し、教育や行政の制度的変化は十分ではなかったことを指摘した。

終章では、これまでの議論として日本型クリエイティブ産業の特質を踏まえ、これまで日本の産業の中心として扱われてきた基幹産業と比較することで必要な制度を提示する。

本研究の提示する制度は、第1に「場の提供」である。「クリエイティブ産業における人材の育成では、これまでの産業と違い、生産消費者とも言える人材の非階級的で非教育的なクリエーション＆レピュテーションのネットワークが源泉となっている」という主張に対応した非階級的

で非教育的なクリエーション＆レピュテーションのネットワークに対する支援が求められる。

第2に「中間組織の振興」である。「クリエイティブ産業においては、企業の育成において必要な企業の揺籃地としての商業集積や、共益を担う組織の存在が重要である」という主張に対応した、市場でも企業組織でもない中間組織[19]が担う役割の拡大が求められる。

第3に「行政の人的・財政的リソース投入の柔軟化」である。「少量多品種であることが求められるクリエイティブ産業は、大量少品種である素材産業や家電・自動車等の製造業や日本では少数派のハリウッド型クリエイティブ産業とその性格を異にするにも関わらず、行政組織の変化はこれに対応したものではなかった」との主張に対応した、行政において投入する人的リソースの量や種類を柔軟に変更できる仕組みが求められる。

---

(19) 中間組織の定義については市場でも企業組織でもないという組織であり、また企業でも行政でもない組織として定義される。本研究においては行政は中間組織から除外するという意味で使用している。

第 1 部

クリエイティブ産業の特徴
ファッションとコンテンツの共通性

　第1部では、コンテンツ産業論等で語られる超多様性市場を対象とする産業の性質がファッション産業にも応用可能であることを示すことを目的として、ファッション産業の特徴について整理し、コンテンツ産業との関連性を示すことで、クリエイティブ産業におけるファッション・コンテンツ産業が比較による議論の対象となりうることを提示する。

　第 2 章では、渋谷を中心とする若者向けファッション産業が、前章で述べた米国系デパートやユニクロ系はもちろんのこと、技術力やデザイン力中心のこれまでの日本の繊維・ファッション産業と違い、ユーザ参加型の創作と評判の相互作用を持つ超多様性市場であることを説明する。

　第 3 章では、日本の新しいコンテンツ産業が産み出すポップカルチャー作品とファッション・音楽が互いに影響を与え、流行が言わば個々の産業の垣根を超えて伝播していることを指摘する。

　これらのことから**第 1 部**では、日本型クリエイティブ産業としてのコンテンツ産業やファッション産業は、比較して議論することができることを説明する。

　上記を踏まえ、**第 2 部**では、日本型クリエイティブ産業としてのファッション産業並びにコンテンツ産業について消費者行動・商業集積・起業の3点から構造の分析を行う。

第2章

日本型ファッション産業の特徴

1　日本の繊維・ファッション産業

　本章は、渋谷を中心とする若者向けファッション産業が、技術力やデザイン力中心のこれまでの日本の繊維・ファッション産業と違い、ユーザ参加型の創作と評判の相互作用を持つ超多様性市場であることを説明することで、これまでの基幹産業と大きく違う特徴を有することを指摘する。

　日本の繊維産業は、技術力を担う製造業の活性化とデザイン力を担うデザイナーの育成という2つの視点から語られてきた。産業構造審議会繊維産業分科会（2003）は日本の繊維産業について、「有する技術力・デザイン力は世界有数」[20]であるとした上で、川上（原糸）・川中（織物・ニット・染色・縫製）・川下（アパレル・小売）の3つに分類し、それぞれの課題を指摘し、このうち主に技術力を有する分野である川上・川中と、デザイン力を有する分野である川下との連携が重要であると述べている。本章で述べるファッション産業は、この川下分野を示すもので、商品としての衣服の企画・デザイン及び販売を担う産業である。このように、ファッション産業は経済政策上、繊維産業の一部として製造業にカテゴライズされ、かつては日本の基幹産業であったが現在では不況業

---

[20]　産業構造審議会繊維産業分科会（2003），7頁。

種としての経済政策の対象となっている。

　ファッションデザインの世界では、森英恵・三宅一生や川久保玲などの日本人ファッション・デザイナーがパリ・コレクションを代表的な場とするモードの世界で活躍し、その作品が国際的な評価を積み重ねている。政府もこのようなハイ・ファッションの世界で彼らに続くデザイナーを育成するため、「東京発　日本ファッション・ウィーク（通称JFW）」など、若手を中心とするデザイナーの発表の場としてのコレクションを支援してきた。

　しかし近年、渋谷・新宿などの若者を主な消費者とするファッションがビジネス面で注目を集める事例が増加している。また、諸外国で日本のファッション誌の翻訳版が販売されるなど、大きな注目と需要を持っている。これらは渋谷の「SHIBUYA 109」を中心とし、主要駅周辺の若者向けショッピングセンターをその周縁とするファッション文化であり、本章ではこれを「渋谷系」と定義する。「渋谷系」の商品群は必ずしも日本の高い技術力や特定のデザイナーのクリエイションが価値の源泉ではない。出口（2009a）はコンテンツ産業について、ハリウッド型の主流ビジネスモデル（Hollywood Major Model）が「多くの顧客に受け入れられるなるべくユニバーサルなコンテンツを提供すること」であるのに対し、日本型のコンテンツ産業が「小規模できわめて多様な作品の累積から構成される超多様性市場（Hyper Variety Mart）とそこでのコンテンツイノベーションにおける、ユーザ参加型の創作と評判（Creation & Reputation）の相互作用に依拠する創造プロセスである」と指摘した[21]。本章は、「渋谷系」においてもこの指摘が一定程度当てはまることを説明しようとするものである。これは、同時にファッションがコンテンツ産業としての一面を持つ可能性を示唆する。

---

(21)　出口（2009），vii 頁。

2　製造業としての繊維・ファッション産業とファッション・デザイナーの育成

　製造業としての繊維・ファッション産業は、素材・紡績からテキスタイル、縫製に至るまで幅広い業種を持ち、現在でも多くの産地と雇用者を抱える、かつての日本の基幹産業の1つであった。

　しかし、現在では斜陽産業としての扱いを受けることが多い。それは企業の国境を越えた活動の活発化が顕著であり、素材やテキスタイルの輸入のみならず、生産中心地も工賃のより安価な中国・韓国、さらにはベトナムなどのASEAN地域やインドやバングラディシュなどの国・地域に移行しつつあることが挙げられる。これは、生産コストを低下させアパレルや小売の競争力を高めたが、川上・川中など国内の製造部門の空洞化という問題も産み出した[22]。

　このような環境の中で、国内に生産設備等を持つ企業は、その高い技術力を活かした難易度の高い技術や高品質を活かすため、高工賃を得られるラグジュアリー・ブランドに対する関心を高めている。例えば、国内のリボン製造メーカの株式会社木馬は、ニューヨークや香港に支店を持ち、多くのラグジュアリー・ブランドへ「MOKUBA」ブランドの商品を供給している。しかし、同分野で高いビジネス価値を持つラグジュアリー・ブランドはほとんどの場合海外が拠点であり下請としての参入も難しく、小売価格から逆算した最終的な利益配分において大きな割合を得ることは難しいという問題もある。

　つまり、製造業としての繊維・ファッション産業は、低工賃の需要は発展途上国に奪われ、高工賃の需要では利益配分を十分に得ることが難しいという問題を抱えている。

---

(22)　繊研新聞社（2009），88-89頁。

この問題を解決するための一助として、経済産業省は産地・技術と強く結び付き、かつ高いビジネス価値を持つデザイナーズ・ブランドを国内に産み出すことを目的の1つとする「東京発　日本ファッション・ウィーク（通称JFW）」に対する支援を2005年から行っている。

　JFWではテキスタイルの展示会や新人デザイナー育成のためのコンテストなども開催されているが、最も中心的な機能は1985年に開始された東京コレクションを受け継いだコレクション事業である。東京コレクションの時代には散発的と言われたコレクションを集約し、拠点形成による情報発進力の強化でコレクション自体の価値を高め、若手ファッション・デザイナーの育成を目指す長期的な取り組みである。一方で製造業としての繊維・ファッション産業は、コレクションを高機能・高品質の素材・テキスタイルやそれを製造するために必要な技術力の実践・展示の場として利用しており、それを実現するためにデザイナーと製造部門とのマッチングが実施されている。このアプローチは、経済産業省によるファッション産業への支援が製造産業局繊維課の担当であり、繊維産業の川上・川中の産業・産地への支援としても波及効果を見込むことが可能な手法で川下への支援を行っていることが理由として挙げられる。

　このように、JFWは長期的なブランド及びデザイナーの育成と、短中長期的な産地の支援という2つの点で国際的評価を狙っている。

　この取り組みは、将来的に高価値のファッション・デザイナーを産み出すことによってもたらされる長期的なハイリターン、もしくはコレクションで示された技術力がもたらす短中期的なローリターンを得る可能性を秘めている。しかし、繊維産業全てが恩恵を受ける可能性を目指したこの施策はいくつかのリスクを持つ。その第1は、これらの事業によって仮に高付加価値のデザイナーが産まれたとしても、将来的に日本に拠点を置き、日本の素材を使用し、日本に納税するとは限らないという問題である。現に、日本出身のファッション・デザイナーの多くはパリ・ミラノ等のコレクションを目指しており、ファッションブランド経営のための法人も海外を拠点とする場合が多い。第2に、欧米出身のデザイナーが主流のパリ・ミラノなどのコレクションでは、日本からの参入は

物理的にも難しく、評価を得ることも容易ではない。第3に、日本の高い技術力を示し続けたとしても、日本の繊維産業が再び基幹産業に返り咲くほどの高付加価値を得ることは、グローバリゼーションが浸透し、工賃がさらに安価な国・地域での製造へ切り替えが続く現在の社会・経済システムの下では難しいと考えられることである。第4に、世界的な不況はラグジュアリー・ブランドなどの高級品市場にも大きな影響を与えていると言われており、これ以上拡大する余地があるかは未知数である。

以上の考察から明らかなことは、少なくとも日本の繊維・ファッション産業にとって、これらの方策は必要ではあるが十分ではないということである。

3　「渋谷系」ファッション産業が持つ特徴

これまで述べたように、製造業の視点からの繊維・ファッション産業の拠り所は技術力とデザイン力であり、研究と開発を中心とした考え方が強い。また、進むべきと考えられている方向性は高い工賃が見込める高級品の製造に関わることによる高付加価値化である。しかし、この方向性は万能ではない。本章で述べる「渋谷系」では、この方向性とは違う方向性を示している。

アパレルや小売など、ファッション産業の中でより消費者に近い川下の分野では多様な消費者に対応しようとする志向が強い。特に、渋谷を主な文化中心地とする「渋谷系」などと呼ばれる若者向けのファッションでは、ユーザ参加型の創作と評価（Creation & Reputation：C&R）の相互作用が盛んな超多様性市場となっている。ただし、ここで述べる創作は、新しい衣服を1着作るということだけではなく、ファッションスタイルとしてのコーディネートを産み出すことが含まれている。

当初、雑誌などで提示されたファッションスタイルはリードユーザ[23]である消費者[24]が担っている。これは職業的なモデルを用いた記事で

ある場合もあるが、多くは消費者としての側面を持つ読者モデルやストリート・スナップであることも多く、ファッションコーディネートとそれを構成する商品は、必ずしもリーシングされたものではなく私物の場合もある。このコーディネートが雑誌やリードユーザが自ら運営するブログなどの媒体を通して他の消費者に伝わり、消費者は自らが高い評価（Reputation）をつけた商品とそれと同じか近い形状の商品（他社製の可能性もある）を購入し、自分に合うようにコーディネート（Creation）を行う。そのコーディネートをまた他の消費者が目にし、その中で自らが評価した商品と同じか近い形状の商品を購入する。この連鎖は極めて短いサイクル[25]で発生し、企業はいかにこれを把握して商品展開をするかということがビジネス上重要となる。

　特に、日本を除くアジア圏では多くの日本のファッション誌の現地語版が販売されているにも関わらず、紹介されている商品の取扱店舗はごく一部を除き現地に存在しない。「手に入らない」にも関わらず、多くの書店でこれらの雑誌が販売し続けられている。このように、ある商品が価格や店舗の品揃えの問題で入手できない時に、それに近い形状の商品を購入するという購買行動では、特定のブランド・企業の枠を超えたC&Rが発生する。これは、「ある作品が手に入らないから似た作品を」というシチュエーションが発生しづらいマンガや小説などのコンテンツとは違う特性を持っている。またこれらのビジネスに参入する企業は、他の企業が似通った商品を展開することに対して過敏ではないと言われており、知的財産権に関する訴訟がこの分野で行われることは極めて稀

---

(23)　リードユーザの概念はHippel（2005）による。ただし、本研究ではリードユーザとしての性格を持っているのは消費者かそれに近い存在である。

(24)　ここでは雑誌などのファッションモデル・読者モデル・販売員なども広い意味での消費者として捉えている。

(25)　渋谷系ファッションの代表的ブランド「Cecil McBEE」を擁する株式会社ジャパンイマジネーション代表取締役の木村達夫氏は、木村（2009）において、「109ファッションのサイクルは本当に2週間とか3週間とか……」、「例えば韓国あたりに行って、1週間サイクルで商品を作ってしまう」と述べている。

である。

　この分野においてデザイナーは消費者の望むイメージを商品に落とし込む役割を担うものの、デザイナーズ・ブランドの場合と違いデザインのキーコンセプトに重要な役割を担うわけではない。この分野では、個々の商品を組み合わせ編集することで1つのスタイルを産み出し、ブランドをマネージメントするプロデューサー、消費者の望むイメージを供給する役割を担うマーチャンダイザーが重要となる。

　また、雑誌[26]やweb、ファッションイベント（神戸コレクション・東京ガールズコレクション・福岡アジアコレクションなど）は非常に重要な役割を担っている。これらのメディアはストリート・スナップや読者モデルなどでキャスティングされうるリードユーザを発見し、メディアに露出させることで顕在化させる役割を担っていることから、モデル・読者モデルなど多くのリードユーザを抱えている。多くはそれらのリードユーザを専属（契約上または事実上）として抱えるが、年齢の上昇に伴う移籍[27]や引き抜きなどの理由により、他誌への異動も行われる。

　これらのリードユーザが持つ情報や影響力は、メディアの他、アパレル企画や販売店も重視しており、あるブランドのトップモデルが読者モデルということもありうる。

　このような特性を持つ「渋谷系」は、頭からつま先まで全てを揃えても、2〜3万程度と低価格の商品が中心である。高い技術力が求められているわけではなく、高名なファッション・デザイナーによるデザインでもない。消費者間の情報の流通とC&R、そしてそれを汲み取る企業が新たな商品を産み出している。

　その商品価格帯から海外生産比率が低いと考えられがちであり、国内産業の空洞化を招くと思われているが、フィールドワークで得た情報[28]

---

(26) 多くの雑誌では、「読者モデル」と呼ばれる、プロではないという前提のモデルを多く掲載している。また、街でのスナップ写真なども多く掲載されている。これらは職業的なモデルと違い、消費者に自分に近い存在として認知されることを主たる理由としてキャスティングされている。
(27) 多くのファッション雑誌では、読者を主に年齢層で区切って想定している。

から考察すると、このように多様化した消費者行動は少量多品種かつ短納期であることを必要とするため、多くの商品の製造地は国内や近隣諸国であり、かなりの比率を国内生産している。ただし、流行に対するタイムラグが大きい、レイトマジョリティ（後期追随者）を狙う企業がより低価格帯で市場参入しており、この分野が国内生産していないことが国内空洞化に向かう理由として挙げられるのではないかと考えられる。

　渋谷系のファッションは、海外から日本独自の文化として評価されており、観光や消費の対象になっている。しかし、高い技術・品質や産地との結び付き、デザイナーの育成など、現在政府が行っているファッション産業への支援のキーワードが当てはまる場面はほとんどない。わずかに少量多品種短納期を可能とする生産技術が求められているのみである。しかし、産地や技術との結びつきが商品の売れ行きに反映しないため、この分野での政府の支援はほとんど存在していない。

　外務省は文化外交の視点から、この分野のファッションを扱っているが、コスプレやロリータ＆ゴシック・ロリータを中心としている。コスプレはモデルとするキャラクターが確立しているためそれに似せることが求められ、ロリータ＆ゴシック・ロリータ等のファッションは他のブランドとの組合せなどの自由度が高いとは言えず消費者による編集の可能性が低い分野のファッションであり、また外務省のアプローチは市場開拓を目的としたものではない。

　企業による自主的な海外マーケットへの参入もリスクの問題から顕著な動きではなく、現状は国内向けビジネスに集中している。この理由の1つとして、フィールドワークでは「日本の雑誌の翻訳版が販売されている国でも、日本で売れる商品と海外で売れる商品は違う。」という意見が多くあった[29]。また、流通する多くの商品は10代〜20代前半まで

---

(28) 渋谷系ファッションビジネスに携わる企業のマーチャンダイジングに関わるマネジメント層にインタビューを行った際に得られた。また、木村（2009）にも同様の記述が見られる。
(29) 渋谷系ファッションビジネスに携わる企業の中国等への出店・輸出等を検討するマネジメント層並びにこれらの企業の海外展開の支援を行う団体の担当者にヒアリングを行った際に得られた。

の痩せ形体型の日本人女性を中心としたサイズ展開であり、商品をそのまま海外、特に欧米向けに輸出することは難しいことなどが理由として考えられる。

4　日本型ファッション産業の今後

　これまで、日本の繊維・ファッション産業はその強みを技術力やデザイン力と自己評価してきた。その上で、グローバリゼーションによる製造部門の発展途上国への移行が日本のこの産業の斜陽化を進めてきたと考えており、同時に世界的に評価されるファッション・デザイナーが日本国内で活動することが難しいという状況が続いてきた。これを改善するための方策は、新たなファッション・デザイナーの育成というハイリターンが狙えるものの長期的でかつ確率的なリスクを抱える方法か、コレクションを通じた日本の技術力や製品のプレゼンテーションという方法であった。しかし、高級品市場が今後成長を見込めるのか、ということは未知数である。

　一方で、渋谷を中心とする若者向けファッションは、リードユーザという影響力の強い存在を含む消費者間でファッションコーディネートの創作と評価が行われている。このサイクルは極めて短期間であるため、多くの商品が日本で生産される。また、新たな Creation の際には他社の類似商品を含む選択肢を許容する。しかし、製造・販売に関わる企業は海外進出に伴うリスクを追うことには消極的である。また既存の政府の政策的支援には当てはまることは難しい。

　残念なことに、この２つの世界の接点は非常に少ない。「渋谷系」はストリート・ファッションであり、高い技術力・高品質・デザイナーによるデザインなどを求めておらず、従来の繊維・ファッション産業との方向性の違いは明らかであり、フィールドワークでも「違う世界である」という意見も多く聞かれた。しかし、現在ではその境界は曖昧になり始めている。JFW の2010年の秋冬コレクションでは、渋谷系とカテゴラ

イズされることの多いブランドであるVANQUISHとLIZ LISAがコレクションに参加した。また、本格的ではないが、原宿スタイルコレクションや東京ガールズコレクションにも、ラグジュアリー・ブランドが関与[30]するなど、混交が進行した。

---

(30) 原宿スタイルコレクションはNumero TOKYO、東京ガールズコレクションではVogue JAPANと、それぞれファッション誌を通じた関与であった。

第3章

コンテンツ産業が産み出す作品が
ファッション産業に与える影響

1　コンテンツ産業とファッション産業の関連性

　本章では、日本の新しいコンテンツ産業が産み出すポップカルチャー作品とファッション・音楽が互いに影響を与え、流行が個々の産業の垣根を超えて伝播していることを指摘する。これらのことから、コンテンツ産業やファッション産業は、クリエイティブ産業[31]という大枠で議論することができることを説明する。

2　ポップカルチャーファッションにおける流行の伝播

　日本では、ポップカルチャー文化としてのファッションは、アニメ・

---

(31)　本章においては「クリエイティブ産業」または「日本型クリエイティブ産業」と、クリエイティブ産業全般または日本の特徴的なクリエイティブ産業であるかを使い分けている。しかし、文脈上日本の事例に関する記述など、あえて「日本型」を付記せずとも良いと考えられる場合にはこれを省略している。

第3章　コンテンツ産業が産み出す作品がファッション産業に与える影響　41

コミック・ゲーム・音楽などのコンテンツと強く結び付いている。これらのコンテンツは何か1つを源流とし、人気を得ると他のコンテンツに派生し、より多くの種類のコンテンツで同じ物語が展開されてゆき、その中では特徴的なファッションがいくつも登場している。本章においては、近年海外からわかりやすい日本文化として捉えられることが多いアニメ等のポップカルチャー作品、ポップカルチャー音楽としてのヴィジュアル系と、ポップカルチャーファッションとしてのロリータ＆ゴシック・ロリータと制服ファッションを題材として、ダークサイドな面を踏まえ、これらの循環と関係性について言及する。併せて、日本政府が近年民間外交のツールとしてこれらのポップカルチャーを活用しているが、これまで扱ってきた伝統的な日本文化に加え、なぜポップカルチャーを扱い始めたのか、またポップカルチャー文化が内包する社会問題はどのような扱いとなっているかという点を考察する。ファッション以外のコンテンツについては、内田（2007）に詳しい。また、深井（2009）は、「美的感性がマンガやアニメに育まれた若者たち」が東京のストリート・スタイルを支えていると指摘している。本章ではこれまで扱われてこなかった、ポップカルチャー作品とポップカルチャーファッションとの関連性について考察する。

　また、中村（2010）が指摘するように、日本では消費者間の情報の伝播が重要になっている。消費者のファッションスタイルの選択において、ミュージシャンやアイドル、モデルなどファッションアイコン達のファッションスタイルをロールモデルとするケースは多いが、これには大きく2つの流れが存在する。

　第1は、ファッションアイコン達のスタイルをブランドだけではなく商品レベルで完全にコピーしたファッションを目指す「完コピ」と呼ばれるスタイルである。必ずしもアパレルだけではなく、ヘアスタイルやメイク、ネイルに至るまで同一にすることすらある。完コピは多くの消費者が選択するわけではないが、ミュージシャンやアイドル・モデルの熱狂的なファンはこのような消費行動を取ることがあり、例えばコンサートの際にミュージシャンと同じファッションスタイルのファンが集まる、といったようにコスチュームとしてのファッションとして消費さ

れる場合もある。しかし、日常的なファッションにおいても選択されうる。このような消費行動の際、雑誌は重要な情報源である。多くのファッション誌では、「どのモデルがどのブランドの何を着ているか」を明記し価格や販売店を注記することで、消費者が同じ商品を購入するための情報を提供しており、これらは広義の広告として機能している。しかし、ファッション誌においても、全てのファッションスタイルがこのような紹介をされているわけではない。一部のページ、例えば、モデルの私服を紹介する記事や、街中で撮影されたストリートスナップではそのような情報は必ずしも提供されない。このような場合、多くは消費者間の情報交換によって必要な情報を得る。

　第2は、ファッションアイコン達のスタイルを参考にしつつ、これらを元に自分のファッションスタイルを創り上げるスタイルである。多くの場合、ファッションアイコンは消費者と同じボディスタイルではなく、様々な点で違いを有する。このような場合、消費者はもっとも自分に似合うファッションは何か、ということを模索するためファッション誌におけるファッションスナップや読者紹介の記事を参照することが多い。これは読者に近いボディスタイルのモデルが多く掲載されていることが理由として挙げられる。しかし、前述のようにストリートスナップ等の記事では商品の解説は他の誌面と比較しても少なく、記載されないことすらある。このような場合、やはり消費者間の情報交換が重要となる。

　このように、ファッションスタイルに関連する情報は、その多くをファッション誌等の公的な情報メディアで得られるものの、これらは完全ではない。そのため、多くの消費者は様々な形で消費者間の情報交換を行う。そのためのメディアは、友人との口頭の情報交換から、インターネット上の掲示板やBlog、SNSなど多岐に渡る。携帯電話で写真を取りそれを元に情報交換が可能な現代において、写真に写ったあるファッションアイテムの特定は難しくないが、そのためには消費者のコミュニティ内での情報交換が不可欠である。

　さらに、消費者のコミュニティ内で産まれた新たな流行が普及してゆくという流れもある。このような現象は、発案者がわからない場合も多いユーザーによるイノベーションの1つである。またポップカルチャー

コンテンツを起源として、消費者間の流行を通じてファッションスタイルに影響を与えることも多い。本章ではこれらの現象についても言及したい。

3　ポップカルチャーとファッション

（1）　日本における特徴的なポップカルチャーの派生形

　出口（2009a）はコミックや小説・ゲーム・映画・テレビ番組・音楽などの作品を文化コンテンツと表現した上で、上流コンテンツ（up-stream contents）と下流コンテンツ（down-stream contents）という概念を提示している[32]。上流コンテンツが「物語」を提供する基点であるのに対し、下流コンテンツは上流コンテンツから提供された「物語」が趣向や媒体の変化と言う付加価値が加えられたものとなる。例えば小説が映画化、コミック化、ゲーム化された場合、小説が上流コンテンツ、映画・コミック・ゲームは下流コンテンツとなる。また、コミック・アニメ・ライトノベル[33]・ゲームを現代のメジャーな4上流コンテンツ（Four major up-stream contents）と定義し、これらが原作となる「物語」を輩出してきた領域であるとしている。このように、あるコンテンツが原作となり、それが他のコンテンツに広がるケースは多く、日本発の作品に留まらない。例えばJ・K・ローリングによるハリー・ポッターシリーズは、映画・ゲーム化されている。このようにコンテンツは、下流コンテンツの派生に伴い、文字のみのもの、絵が伴うもの、映像や音楽が伴うものなど、様々に形を変えて展開されてゆく。

---

[32]　出口（2009a），vi頁。
[33]　ライトノベルに関する定義は諸説あるが、日経BP社『ライトノベル完全読本』では「表紙や挿絵にアニメ調のイラストを多用している若年層向けの小説」と定義している。

図3-1　香港で開催されたイベント「コミックワールド香港」におけるコスプレイヤー

AFP PHOTO / RICHARD A. BROOKS

(2)　ポップカルチャーの中のファッション

　ポップカルチャー作品における登場人物のコスチュームが現実のファッションに大きな影響を与えることが多い。これらは、小説の挿絵や文章中の解説、アニメーション・コミック・ゲームにおける画像などによって表現されている。また、ミュージシャンは音楽だけでなく服装を自己表現の一部として取り入れているケースも多い。特に、ヴィジュアル系と呼ばれる日本の音楽ジャンルにおいては、ほぼ全てのグループが特徴的なコスチュームを身に纏っている。

　これらに限りなく同一のイメージのコスチュームを実際に着用することの典型は、コスチュームプレイ（コスプレ）である。これは、専門販売店からの購入や自作などの選択肢がありうる。これらは日常的な着用ではなく、アニメエクスポ（アメリカ）やジャパンエキスポ（フランス）、世界コスプレサミット（WCS）やコミックマーケット（日本）など、アニメなどの日本文化に関連したイベントの際にコスチュームとして着用される。コスプレの愛好者は多く、東京ではほぼ毎週末にそのためのイベントが開催されている。ミュージシャンのコスチュームの複製として

図3-2　ドイツ・フランクフルトで開催されたブックフェアでのコスプレイヤー

Photo：Wolfram Steinberg

のコスプレは、このようなイベントの他、ライブやコンサートの際に多く着用される。

　しかしポップカルチャー作品がファッションに与える影響は、このような作品に登場するコスチュームを可能な限り忠実に現実の衣服として複製することに留まらない。

　後述するように、日本の中学生・高校生が着用する制服や、ロリータ＆ゴシック・ロリータも海外から日本文化を体現するファッションの一つであると認識されており、これらのファッションが作品に登場することでファッションに流行をもたらすなど、影響を与えている。例えば、オーバーニーや日本においてそのカテゴリの1つとして捉えられているサイハイソックスは当初、主にロリータファッションのアイテムの1つ

として、スカート着用時にも完全に脚を覆うことを目的として使われていた。これは、ロリータファッションのドレスコードに、かつてはなるべく肌を露出しないというポリシーが存在したことによる。しかし、これをミニスカートと組み合わせることで、腿の中間部だけを露出させるファッションが登場したが、これは当初ゲームの作品内のファッションに見られ、どちらかといえばコスプレに近いスタイルであった。しかし、現在では制服にサイハイソックスを組み合わせるなど、さまざまな組合せが存在する。ここでは既に、完全に覆うことが目的ではなくなっている。

　また、作品中に登場するファッションが実際に存在するブランド等をイメージすることから流行が産まれることもある。例えば、矢沢あいによる作品「NANA」は、ミュージシャンを目指して上京した大崎ナナと、彼氏と同居するため上京した小松ナナの2人を主人公とするロックバンドの物語である。当初コミックとなり、現在では映画・アニメやゲームなど幅広く下流コンテンツが展開されている。作品中の大崎ナナの服装はヴィヴィアン・ウエストウッド、小松ナナは日本のロリータブランドの1つ、エミリーテンプルキュートなどのロリータファッションをイメージしたものが多い。このコミックは空前の大ブームとなり、現在では英語・仏語・独語から中国語など、多くの言語に翻訳されている。このコミックの人気はそのままファッションにも及び、作中に登場する衣装や小物のモチーフとなったであろうブランドや、実際に存在する商品は大きな注目を浴びた。これらは必ずしも明示されていないが、web上の掲示版やQ&Aサイトなどにおいて良く質問され、情報が共有された。

　アニメやゲーム・コミックのキャラクターはもちろんのこと、映画において俳優が身につけるさまざまなファッションアイテムは実在していない場合も多い。しかし、消費者はコミュニティ内の情報交換によって似た商品を探す。そして時には既製の商品のリメイクや、完全な自作によってそれらを手にすることもある。このような活動は、服飾系の学生やプロなど、服飾に関する知識・技術の高い消費者であるプロシューマが混在することでより実現に近づく。なぜならば、ある商品を見た際に

第3章　コンテンツ産業が産み出す作品がファッション産業に与える影響　47

どこのブランドの商品であるのか、どの商品を加工すれば良いのかの見極めや、実際の加工や製作は、ファッションを専門的に学ぶか、職業としている専門的な知識所有者が必要であるからである。ただし、これらの人材がプロの側ではなく、消費者のコミュニティに参加し、共に行動していることで生まれていることを忘れてはならない。このような専門的知識を持つ消費者は自らの関心のため、または職業上の制約から消費者という立場になることで解放されるために消費者のコミュニティに参加するケースもある。

（3）　ヴィジュアル系音楽との関連性

日本にはポップカルチャー文化の1つとして、「ヴィジュアル系」と称される音楽ジャンルが存在する。主にロックやパンク・演歌など、様々な音楽ジャンルを演奏するが、ミュージシャンが派手な髪形・化粧及び衣装であることが特徴的であり、音楽性ではなくファッションスタイルからカテゴライズされている。この分野の歌詞は総じて内省的であり、耽美や退廃・犯行・悲恋・破壊・絶望など多くの心の闇を表わす言葉がみられる。これは、古くはセックス・ピストルズにおけるシド・ヴィシャス、近年ではヴィジュアル系ミュージシャンであるディル・アン・グレイの京など、演奏中に自傷を伴うパフォーマンスを行うこともあり、この分野には一部にリストカットなどの自傷行為とその痕跡を隠さず、積極的に見せるという文化も一部に存在している。服装はゴシック・パンクの要素を取り入れたスタイルが多く、彼らを支える多くの若い年代のファンもライブの際には同様の服装をしているケースが多い。このジャンルはファンがアニメの視聴層と重なることから主題歌をヴィジュアル系バンドが担当することも多く、多くの若年層がそれを通してヴィジュアル系バンドとその音楽を知るきっかけとなっている。日本のアニメが海外で放映される際にも同じ主題歌が使われることが多く、そのためヴィジュアル系バンドは日本国外においても評価を得ており、海外へのライブツアーも多く行われている他、ジャパンエキスポなど多くの日本文化を紹介するイベントにも参加している。これは、ヴィジュアル系が諸外国から日本特有の文化として認められていることを意味している。

図3-3　ドイツ・ニュルンベルクにおけるディル・アン・グレイのコンサート風景

AFP PHOTO DDP / PHILIPP GUELLAND

　ヴィジュアル系の名の通り特徴的なファッションに身を包むこの分野のミュージシャンは、音楽活動だけでなくファッションアイコンとしての役割も持つ。廣岡直人のデザインによるブランドh.naotoなど、ヴィジュアル系のミュージシャンが演奏の際に好んで身につけるブランドがある。彼らはヴィジュアル系の音楽と近い文化のファッション誌への登場などモデルとしての活動を行うことも多い、自らファッションブランドを持ち、クリエイティブディレクター等としてクリエイターとなるケースもある。その代表的なブランドとして、1999年に当時の代表的ヴィジュアル系バンドであるマリス・ミゼルのギタリストManaが設立した、モワ・メーム・モワティエが挙げられる。

　この分野のファンは、メンバーと同じファッションや、同じブランドを身につけることや、この音楽文化に親和性が高いファッションとみなされているスタイルでライブに参加することも多い。これらの多くはゴシックやゴシック・ロリータ、ロリータと呼ばれるファッションスタイルである。前述のように、ヴィジュアル系のバンドのファンは、演奏に関する情報のほか、メンバーと同様の服装をするために、音楽誌やファッ

ション誌・ファンコミュニティによる情報交換によって必要な情報を得る。

4　日本における特徴的なポップカルチャーファッション

（1）　ロリータ＆ゴシック・ロリータ

　ロリータファッションは、日本の特徴的なポップカルチャーファッションである。フランス人形のようなスタイルが特徴的であり、「少女性」を強調するため白やそれに近い明るい色が選ばれる。イメージについて松浦（2007）は、これを下記のように表現している[34]。

　　　彼女たちを包む大量のフリルとレース。ブラウスのヨークを飾るおびただしいタック。あどけない表情を作る大きな丸襟。ふんわりと膨らんだフレンチスリーブ、あるいは大きく開かれた「姫袖」とも呼ばれるフレアスリーブ。ワンピースやジャンパースカートを飾るいくつものリボン。そしてパニエで大きな釣鐘形に膨らませたスカート。

　一方で、ゴシック・ロリータファッションはパンクファッションを起源としていると言われており、これらには「ゴシック性」が強調されるため、黒や黒に近い暗色を基調とする。ゴシック・ロリータの分野でのメジャーなブランド「h.naoto」を擁する、シンク株式会社の櫛田慎一氏は、筆者のインタビューに対し、当初パンクファッションからスタートし、これらに様々な要素を付加する過程でパンクとゴシック及びロリータの融合が産まれたと述べている。そのことからか、ヴィジュアル系音楽との親和性が極めて高い。

　これらのファッションは日本の一般的なファッションではないものの、ティーンエイジャーから20代前後の女性に多くのファンを有している。

---

[34]　松浦（2007），9頁。

主に東京をファッションの中心とし、同分野の店舗が集積する大型商業施設「ラフォーレ原宿」が立地する原宿、及びかつて「マルイワン」の立地した新宿が文化の発信源となっている。この分野の状況について、「マルイワン」を運営する株式会社丸井の平岩国泰氏（当時）は、約100万人の人口と、年間200億円の市場規模が存在すると推定している[35]。

さらに、アニメや映画などにおいて、このファッションは多く登場している。PEACH-PIT によるローゼンメイデンは、その代表的なコミックを原作としアニメ化された作品の1つである。登場人物の多くはロリータ＆ゴシック・ロリータに身を包むアンティークな人形である。また主題歌は広義のヴィジュアル系に属する ALI PROJECT が担当している。このようなファッション・アニメなどのコンテンツ・音楽の3つによるトライアングルの形成が特に顕著であることが、このファッションの特徴である。

しかし、ロリータ＆ゴシック・ロリータは、社会一般に認知されているものの、一般的な着用が受け入れられているファッションスタイルではなく、いくつかのネガティブなイメージが存在する。このファッションは原宿地域を中心とした文化であるが、逆にそれ以外の地域ではこれを着て街を歩くことは奇異の目で見られる可能性を秘めている。また、ロリータというファッションそのものが、「大人になりきれない」というイメージを持つ。さらに、日本において「ロリータ」という単語は、ロリータコンプレックスあるいはペドフィリアを指す言葉であり、全般的に良いイメージをもたれない傾向にある。また、前述したヴィジュアル系音楽のファンがこのジャンルのファッションを好むことから、自傷行為などのイメージが断ちがたく残っている。このようなことから、ロリータ＆ゴシック・ロリータは、ファッションとしての評価とは別に、「精神面での不安」というイメージを払拭することが難しいという面を持つ。しかし、かつての非常にマイナーなファッションというイメージから、現在では社会的認知も高まり、一般的なファッションへの仲間入

---

[35]　遠藤（2009）。

第3章　コンテンツ産業が産み出す作品がファッション産業に与える影響　51

図3-4　香港で2009年7月1日に開催された
　　　　ACGHKの参加者

AFP PHOTO/LAURENT FIEVET

図3-5　2004年9月4日に原宿で撮影された
　　　　18歳女性のファッション

AFP PHOTO/Kazuhiro NOGI

りが進みつつある。さらに、後述のように外務省は「カワイイ大使」の1ジャンルとして、このファッションを選択している。

　このような、ロリータ&ゴシック・ロリータ文化が言わば表に出てきたことには、このファッションスタイルが社会に認められつつあることが考えられる。ただし、この分野ではブランドのデザイナーが持つ影響力は非常に強く、複数のブランドを混ぜて着用することや、ファッションアイテム自体を加工することはあまり行われていない。一方で、これらのファッションスタイルのファンのための交流と販売促進を兼ねたイベントをブランド側が定期的に行うことも一般的である。これらはお茶会と呼ばれ、休日の日中に行われることが一般的な、招待制のイベントである。ここでは同じブランドのファッションに身を包んだファンたちの交流機会となっている。

（2）　学校制服をベースとしたファッション

　学校制服は、もう1つの日本の特徴的なファッションである。日本では中学校及び高校の多くの学校、及び幼稚園・小学校及び大学の一部において制服が導入されており、ティーンエイジャーやプレティーンの多くが日常的に制服を着用している。学校における制服の役割は非常に大きく、より魅力的な制服は高く評価され、主に中学校・高等学校段階では制服のデザインが学生募集に大きな影響を与えている。

　かつては制服に関する規則が厳しい学校が多く、例えば靴下の色やスカートの長さ等が厳格に規定されていたケースもあった。服装に限らず学校におけるファッションの規則は非常に厳しい場合が多く、髪留めやゴムの色、髪型など多種に及んでおり、かつては例えば元々黒髪でない生徒に黒への染色を指導するような事例も存在した。しかし現在では制服をアレンジして着用することに対する規制は相対的に緩く、多くの女子生徒・児童が制服に何らかのアレンジメントを加えて「おしゃれ」をしており、小学生から高校生を主な読者層とする雑誌では制服をアレンジメントするファッションに関する記事が多く掲載されている。さらに、自分の学校とは全く関係のない制服ファッションは、「なんちゃって制服」と呼ばれ、イトーヨーカドーなどの他CONOMIなどの専門的販売

第3章 コンテンツ産業が産み出す作品がファッション産業に与える影響

店でも取扱われている。これらの店舗で購入された商品は、ファッションとしての制服スタイルのために使われる他、普段の制服着用の際のアレンジメントの一部などとしても使われている。

このような制服を着崩すファッションは、規則の緩やかな学校の中ではもちろんのこと、放課後に渋谷など若者文化の中心地に遊びに行く際に途中で着替えるなどのことも行われている。着替えはさまざまな場所で行われており、鉄道駅やファーストフードのトイレ、一部のファーストフード店にある着替えルーム（このような目的のために無料で設置している）の他、有料の場所も存在している。

日本においてはこのように制服がファッションの一つとして受容されているため、特に音楽・アイドルグループではこれらの多くがライブの衣装などに制服を取り入れている。このことは、日本におけるアイドルや女優は中学生～高校生の時期に有名となるケースが多いことも関連している。図3-7は、日本における有名アイドルグループ「AKB48」が内閣総理大臣主催の「桜を見る会」に招待された際の写真であるが、彼女たちは同様の衣装でライブなどの活動を行っている。

また、近年日本のアニメーションやコミックなどのコンテンツが翻訳され海外に共有されている。これらの中には学園を舞台とした作品が非常に多く含まれており、日本発の文化をこれらのポップカルチャーから体験した世代にとって、日本の学校制服は日本の文化としてのファッションを代表的な存在として認知され、受け入れやすい存在となっている。例えば日本の代表的なアニメーションの1つである「新世紀エヴァンゲリオン」の主人公である碇シンジは中学生であり、作品中に多くの学園生活が登場する他、学園生活に特化した内容のスピンオフ作品が複数存在している。また同様に、コミックを上流コンテンツとし、アニメ等で大きな支持を得た「けいおん！」や「涼宮ハルヒの憂鬱」では、高校生活におけるクラブの活動などが物語の中心となっている。このように、日本発コンテンツと制服ファッションは、非常に強く結び付いており、ファッション・アニメとアイドルグループによる音楽の3つがトライアングルを形成する。ヴィジュアル系音楽の場合と違い、アニメ等の主題歌を、制服スタイルの音楽グループが演奏するということは多くな

いが、ファン層の重複という点から結び付きが発生する。

　ただし、このように制服がファッションと認知される一方で、これに伴う社会問題も存在している。規定された制服の一部をアレンジするファッションは学校の規則をある程度逸脱する行為であり、規則に対し従順でない印象となる他、所属する学校への忠誠心の低下と捉えられる傾向がある。また、制服のファッション化がエロティックなイメージを与えていることは否めない。例えば制服を着た女子高校生をイメージしたポルノビデオ等は日本に非常に多く存在しており、もはや数えられるような本数ではない。日本においてはこのようなコンテンツにおいて、18歳未満の出演と18歳未満をイメージしていることを直接的に明示することに対する規制があるが、大半の作品は実質的にそれらを想起させるタイトルとパッケージとなっている。また、女子中学・高校生による売春行為が日本では大きな社会問題となっている。これらは「援助交際」と呼ばれ、小学生にも波及しつつある。彼女らは生活に必要な収入を得るためではなく、主に遊興費を得ることを目的として売春を行っている。「援助交際」のイメージは制服と強く結び付いており、「援助交際」を題材とした映画や小説などにおいて、制服を着て売春を行うシーンが多く登場する。このように、制服ファッションは聖的で禁忌としてのイメージがあった一方で、それゆえにポルノとしてのイメージを払拭できないという問題を持つ。

　そのような問題はあるにせよ、かつての「制服とは厳格に服装規則を遵守し着用すべし」という文化は崩壊しつつあり、このようなファッションが非常に多くの層の人気を勝ち得ていることは間違いない。後述のように日本政府外務省は「カワイイ大使（正式名称：ポップカルチャー発信使）」の1ジャンルとして、ロリータ＆ゴシック・ロリータと同様にこのファッションを選定した。

　このように公的にも認められてきた背景には学校等によって着用が指示されている制服ではなく、いわば制服風ファッションともいうべき文化が現在の日本国内では広く普及しており、大型のショッピングセンターのレディス・ティーンエイジャー向けのアパレルとして定番の商品でもある。また、多くのレディス・ティーンエイジャー向けの雑誌では

制服または制服風のファッションをどのように「よりファッショナブルにするか」という特集が組まれている。制服風ファッションは、メディアやSNS等による情報の取得だけでなく、校内など身近な情報交換によっても多く行われている。流行の発信もファッション誌が主導するより、むしろ彼女たちの流行がSNSやblog等を通じて広まり、ファッション誌等もこれらをキャッチアップするという流れである。このようなことを経て、現在では確立されたポップカルチャー文化の1つとなった。

5 日本発ポップカルチャーによる民間外交

　外務省は、これまで挙げたコンテンツやファッションに対し一定の理解を示し、これを民間外交のツールとして活用する政策を実施し、それらは文化外交と呼ばれてきた。文化外交について井出（2009）[36]は、文化外交を狭義には芸術・文化関連、広義には、「価値・理念の世界、平和・開発・環境などの諸問題にかかわるものを含めた幅広い課題に対応すべきものとして、その内容も極めて広範囲のもの」と定義している。
　その1つとして、カワイイ大使の委嘱による、若者に人気の日本のポップカルチャー紹介事業が挙げられる。これは、ロリータ＆ゴシック・ロリータ及び制服系、さらに原宿系ファッションの代表的な人物に、外務省としての公的な認証を行うことで、海外の若者から日本に対するより一層の理解や信頼を図ることを目的としている。さらに、世界コスプレサミットでは外務大臣賞を授与している。文化交流課長（当時）である中川勉氏は、「ぱっと見て日本的だ」と判りやすいファッションを選択したと述べている。確かに、東京コレクションを中心とするハイファッションは多くの人々をひきつけるコンテンツではなく、どちらかといえばハイカルチャーに属する文化である。しかし、現在ロリータ＆ゴシッ

---

(36) 井出（2009），9頁。

図3-6　2009年10月6日にフランスで開催されたMIPCOMにおけるAKB48（制服スタイルのファッションの実例として）

AFP PHOTO/VALERY HACHE

図3-7　2009年度日本政府主催「桜を観る会」における麻生太郎内閣総理大臣（当時）とAKB48

AFP PHOTO/Kazuhiro NOGI

図3-8 世界コスプレサミット2015チャンピオンシップ

Photo/WCS Official Photo

ク・ロリータや制服ファッション、コスプレは「一目でわかる日本的文化」の象徴となっていることがこの施策からも明らかである。

　外務省が民間外交のツールとして扱うポップカルチャーの活用は広がりを見せている。近年行われた活動としては、各国に所在する日本大使館で行われたAKB48の招聘と海外公演は、日本発の制服ファッションの認知も広めている。また、コスプレサミットも2015年では32の国・地域から各国の予選を勝ち抜いた優勝者が参加する、国際的な認知の高いイベントとなっている。

6　ポップカルチャーファッションの実体化

　これまで述べてきたように、日本ではアニメ・ゲーム・小説や音楽などのポップカルチャー作品と、ロリータ＆ゴシック・ロリータや制服

ファッションは非常に強い結び付きを有する。これは、実際のファッションがフィクションとしての作品へ、またフィクション作品内でのコスチュームが実際のファッションへ、と循環することを可能にする。「フィクションか否か」ということの境界は、ある時点での状況を示すものでしかなくない。

　また、これらの分野では個々にとってより完成されたファッションスタイルを生み出すために消費のコミュニティに参加し、情報交換を行うとともに、既製品の加工やフィクションを参考にした新たな製作活動も行われる。さらに、消費者の中から新しい流行が産まれ、コミュニティを通じて広まるなどのユーザ発イノベーションも発生している。

第2部

クリエイティブ産業の構造分析

消費者行動・商業集積と起業環境

　第2部では産業における消費者行動・商業集積ならびに起業環境について、日本型クリエイティブ産業としてのコンテンツ産業ならびにファッション産業、またこれらを産み出す秋葉原地域ならびに渋谷地域を比較することで、双方の同一点と相違点を明確とすることを目的とする。

　第4章では特に渋谷等の地域に見られる若者向けストリート・ファッション（以下「渋谷系」）に焦点をあて、消費者に影響を与える情報の伝播が脱社会階層化し、上流から下流へのトリクル・ダウンの情報の伝播より消費者間のボトム・アップな情報の流れが重要となっていることを説明する。渋谷系ではユーザが流行とそこから産まれる需要の鍵を握っており、企業はこの流れに対応するように少量多品種の商品を供給していることを明らかにし、秋葉原地域を中心とするコンテンツ産業と比較する。

　第5章では日本のコンテンツ産業の中心地の1つである秋葉原地域を事例とし、広域的商業集積地は単なる商業の中心地という役割に留まらず、先端的な消費者が集まり、店舗側もそれに応える相互作用によって新たな商品・サービスを産み出すイノベーションの発生源という役割も担っていることを説明する。また、渋谷地域との比較により、中小企業の集合としての再開発と、大企業中心の再開発にどのような違いが見られたかを明らかにする。

　第6章では秋葉原を市場の中心とするPCゲーム産業に焦点をあて、同産業は個々の投資が大規模ではなく、また個々の専門職の分業・協業体制が整備されており、組織がアドホックに成立していることから新規参入が容易であることを説明する。また、秋葉原地域では、揺籃地において地理的な近接と、それが産み出す横の交流が重要であることを明らかにし、渋谷地域を中心とする渋谷系ファッション産業と比較する。

第4章

クリエイティブ産業における消費者行動の特徴
「渋谷系」におけるオピニオン・リーダー層の変化と消費者行動を中心に

1 クリエイティブ産業における流行の伝播

　ファッション産業やコンテンツ産業などのクリエイティブ産業が産み出す商品は、消費者自らの価値観のみならず、周囲の評判による評価や顕示的消費など、外部的な要因に購買行動が左右される。本章においてはこのメカニズムを、渋谷を中心とする日本型ファッション産業とモード型ファッション産業を対比させることで明らかにし、コンテンツ産業における同様のケースとの比較を行う。

　出口 (2009c) は、江戸期の大衆文化である絵物語や錦絵を例として、日本の文化産業が受け手主導で支えられていることを指摘[37]し、これらは1点もののコンテンツである大和絵や狩野派の絵画、あるいは絵巻ものと違い複製芸術あるいは複製コンテンツであり、消費する側と創造する側の相互作用があると説明している。また、複製コンテンツマーケットでは模倣と趣向を共有し遊ぶ文化が存在することを説明している。渋谷系と説明される分野に属する商品、ならびにその比較対象としての秋葉原地域を中心とするコンテンツは1点ものとは異なる複製物である。

---

(37)　出口 (2009), 32頁。

これらはそのサイクルの長短の違いはあるものの、消費される側と創造する側がさまざまな場を通じて相互作用しているという点で、受け手主導で支えられる文化産業として位置づけられることを、特に後述する渋谷系を中心に説明することが本章の目的である。

2　トリクル・ダウンによる情報の伝播
有閑階層からより下の階層へ

　本節では、特に渋谷地域に見られる若者向けストリート・ファッション（以下「渋谷系」）に焦点をあて、消費者に影響を与える情報の伝播が脱社会階層化し、上流から下流へのトリクル・ダウンの情報の伝播より消費者間のボトム・アップな情報の流れが重要となっていることを説明することで、ユーザが流行とそこから産まれる需要の鍵を握っており、企業はこの流れに対応するように少量多品種の商品を供給していることを明らかにする。

　これまでもファッション分野では、流行に関し古くから多くの研究が行われてきた。その多くはトリクル・ダウン理論による説明であり、例えばVeblen（1899）は、有閑階級による誇示的な消費がより下層の階級に模倣されることで新しいファッションが広まることを主張した。このような状況では有閑階級は社会的威信を誇示するため、そしてより下層の階級と同化しないためには、より活発な消費行動を求められ、それは各階級において模倣される。このように、ファッションは古くは社会階層と強い結び付きがあり、社会階層を維持するための流行への同調が求められる一方で、有閑階級においては社会階層を維持し続けるために新たな流行の模索が求められていた。

　このようなファッションにおける情報の伝播は、モードの世界では色濃く残っている。パリやミラノのコレクションでデザイナーによって発表されたファッションは、一着数千万円程度のオートクチュールとして注文を受け、さらなる時間差を経て20〜30万円程度のプレタポルテとし

図 4-1 モードにおけるヒエラルキー

（ピラミッド図：上から オートクチュール／プレタポルテ／模倣品等）

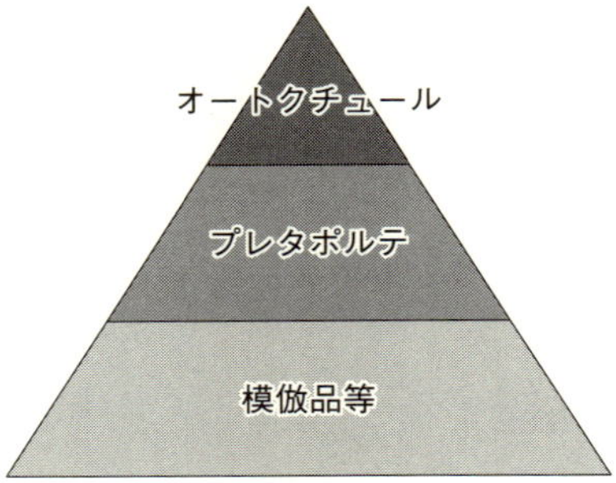

て彼らの属するブランドの店舗で販売される。そしてこれらは、もはやそれらのブランドとは関係ない企業によって生産された模倣品が、大型量販店で販売される。ここでは、経済的資源としての社会階層の上下が大きく影響する。

　ここで示されたような社会階層の上層から下層への情報の伝播は、若者向けファッションにもそれは残っている。米国で多くの視聴率を獲得したテレビドラマ『Beverly Hills, 90210』や『The O.C.』は、いずれも中流ないし下流に属する主人公が上流の社会階層の居住地へ転居し、その社会生活に参加する内容であり、人気を博すと同時にファッション面でも大きな影響を与えたと考えられている。日本においても上層から下層への伝播は明治の西欧化の際の洋服の導入がその代表例であるが、近年でもこの傾向は残っていた。難波（2005a）は80年代末に流行し、「渋カジ（渋谷カジュアル）」と呼ばれるファッションの中心が私立大学の附属校など、「自身も高学歴であり、管理職や専門職などに従事する親のもと、高額の教育費を負担しうる家庭に育った子どもたち」が文化的なヘゲモニーを握り、情報のヒエラルキーが存在したことを指摘した。このファッションは紺色ブレザーに高品質で伝統的なアイテムを組み合わせるなど、ファッションに対する多くの消費が必要であったことなどがその理由として挙げられる。ここでは、社会階層によってある程度選択された「所属する学校」によって、情報の伝播におけるヒエラルキーの影響を受けている。また、「渋カジ」が彼ら・彼女らの所属する学校の

図4-2 情報の流れとオピニオンリーダー

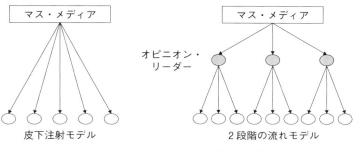

(杉本 [1997] を参考に筆者作成)

校則における服装規定に抵触することは比較的少なかったと考えられる。

このような情報の伝播について、マス・メディアにより発信される情報が大衆に即時的な効果を及ぼす「皮下注射モデル」(図4-2左参照)に対して、Katz and Lazarsfeld (1955) は「コミュニケーションの2段階の流れ」(図4-2右参照) 仮説を提案した。これは、メディア等が発信した情報は第1段階として感度の高いオピニオン・リーダーが受け、オピニオン・リーダーとフォロワーとの対人的コミュニケーションにより情報が伝播するという情報の伝播である。杉本 (1997) はこの情報の伝播と消費者行動について先行研究を整理した上で、現代では「生活者間でも双方向の情報伝達が重視」されていることを指摘している。

また、Simmel (1911) は「今日の流行に昨日のまた明日の流行とは異なる個性的な刻印をうつ内容の変化によってこれに成功するのだが、それにもまして、流行はつねに階級的な流行であること、上流の流行は下層の流行と異なり、後者が前者と同化しはじめる瞬間に捨てられるという事実によって、成功を確実なものにする。したがって流行は、社会的均等化への傾向と、個性的差異と変化への傾向とを一つの統一的な行為のなかで合流させる」と指摘し、「流行しているファッションを取り入れることで、社会に適応したい」という同調の欲求と、「他者と異なるファッションを取り入れることで、独自の存在を示したい」という差別化の欲求の2つがあることを指摘した。

3 ボトム・アップによる情報の伝播
「渋谷系」ファッションの特徴

(1) 「渋谷系」ファッションの概念

　本章では、ファッションジャンルとしての「渋谷系」を事例として扱う。難波（2005b）は、「渋谷系」という言葉はかつて渋谷を発信源とした音楽ジャンルを指していたが、現在では主にファッションを示す言葉として使われていると指摘している。ただし、難波（2005b）が定義する「渋谷系」は当時の若い男性ミュージシャン、例えば小沢健二や小山田圭吾などの服装に似せたメンズファッションであった。しかし、現在では「渋谷」という言葉から想起されるイメージは、ティーンエイジャー前後を対象としたレディスファッションである。この点について渡辺・城（2006）は、1996年にファッションビル「SHIBUYA 109」のリニューアルによりギャルのメッカが生まれたとし、同ビルの人気ブランドの共通点は、「タイトでセクシーな体のラインを強調したデザインが多く、サイズも細めに作ってあり、スタイルのよい人しか着ることのできないアイテムも少なくないこと。また、トップブランドのエッセンスをうまく取り入れ、なおかつ高校生くらいの若者でも手に入れることができる高くない値段であることも大きい。」としている。渡辺・城（2007）は、「ストリート系ファッション誌の創刊に拍車をかけたのは1990年代半ばに渋谷を拠点に登場したギャルであった。」と指摘している。また深井（2009）は、雑誌『小悪魔ageha』に由来する「アゲ嬢」を「渋谷などで見かける、若い女性のスタイル」と説明している。本章ではこれらの先行研究の他、フィールドワーク等によって得られた知見を加え検討する。

　本章ではこれらの先行研究から「渋谷系」について、広くは渋谷で流行している若者向けストリート・ファッションを指すが、ここではより狭義の意味合いとして、株式会社東急モールズデベロップメントが運営する大型商業ビル「SHIBUYA 109（正式名称：道玄坂共同ビル　通称：

マルキュー）」にテナントとして入居しているアパレルブランドを中心とし、『egg』『Popteen』などの女性ファッション誌に扱われる、特に高校生・中学生等のティーンエイジャーを消費者とするファッションと定義する。渋谷系ファッションにはメンズも存在し、『men's egg』『men's egg youth』などのファッション誌が存在したが、ここでは特記しない限りレディスファッションを扱う。高校生・中学生が自分のお小遣い等で買うことも多いため価格帯は比較的安く、全身を揃えても2-3万円程度の場合が多い。商品のサイクルは非常に早く、2週間から1カ月程度であり、少量多品種短納期であることが求められる。多くの「渋谷系」ファッションは、「ギャル系」ファッションに属する。明るい髪色や付け睫毛等による目の強調などのメイクが一般的である。かつてはルーズソックスや厚底サンダルなども特徴の一つであった。関心を持つ層は多くが高校生及び中学生であり、普段は学校の制服を着用していることも多いため、これらと融和するファッションが求められるが、これはいわゆる「大人」の目線とは大きく違い、彼女たちの中での価値基準に従い、制服を「渋谷系」に着こなす。

　この「渋谷系」において、流行の中心となるファッション・リーダーはファッション誌のモデル・読者モデルやストリート・スナップの被写体、アパレルブランドの販売員などである。彼女らは宣伝の一部として企業側の存在でもあると同時に一消費者でもある。

　特に販売員について渡辺・城（2006）は、「これらの新しいアイテムを颯爽と着こなすファッションアドバイザーたちは、時に"カリスマ店員"とよばれて、雑誌やテレビをはじめとしたマスコミで取り上げられた。」と説明している。また、渡辺・城（2007）は、「いわゆるプロのモデルの起用は限られ、渋谷を歩くおしゃれな女の子たちをその場で取材、撮影して登場させたり、ショップの販売員をモデルに起用し、ショップが提案するファッションを紙面で紹介する方法が採られている。読者は親近感を抱くとともに、雑誌と読者との垣根が無くなり、見る側と見せる側とが容易に転換される、双方向的な関係が生まれた」と指摘している。

　このようなファッション・リーダーは、イノベータであると同時にオピニオン・リーダーでもある。2000年代にはティーンエイジャーへの携

図4-3 「渋谷系」ファッションのイメージ（東京ガールズコレクション2009S/S）

AFP PHOTO / Yoshikazu TSUNO

図4-4 『egg』2011年2月号表紙

図4-5 SHIBUYA 109入口

筆者撮影

帯電話の普及、i-mode などの携帯電話のメディアとしての利用によるブログなどが盛んに行われており、「リアル」と呼ばれる携帯サイトや SNS の普及など、オピニオン・リーダーはより容易に情報を伝播することが可能となった。また、ブログ等を運営していることも多く、同時にメディアとしての一面もある。

(2)　「渋谷系」における階級志向

　かつて渋谷で一世を風靡したファッション「渋カジ」は、階級志向を持つファッション文化であった。難波（2005a）は正しい渋カジの見分け方の一つとして「ヴィトンのバックやロレックスの時計など、高級ブランド品を身につけていること」を挙げた記事を引用した上で、1980年代の初期「渋カジ」は一般的にブルジョアジーであり、その上流に身を置くためには都心の私立大学付属高校に在籍していることが求められる強い階級志向を内在したファッション文化であったことを指摘している。そして、この文化はやがて集団が「チーマー」として暴力性・事件性が高まったなどを要因として彼らの離脱が始まり、やがて「千葉や埼玉といった関東近県からやってくる高校生」へと中心がシフトしたと述べている。

　しかし、「渋谷系」では、このような階級志向は明確でない。その理由として、「渋カジ」と違い、求められるファッションにおいて高級ブランド品は重要な構成要素ではなく、前述のように全般的に価格は安い。また深井（2009）が指摘する「渋谷などで見かける、若い女性のスタイル」としての「アゲ嬢」や図4-4に示すようなファッションのスタイルを保持して通学するためには、校則が一定程度緩やかであることが求められることは明らかである。また、佐藤（2002）は、「ギャル系雑誌の購読者たちは、そうした〈女子高生〉イメージを支える価値観（自由であること、自己主張できること、個性的であること、注目を集めること）に、より強くアイデンティファイする少女たち」であると述べている。雑誌『egg』などのファッション誌では販売員の他、通学制・通信制の高校やサポート校の生徒も多く登場しており、これらは少なくとも校則における服装規定やメディアへの露出について、規制を逸脱してはいないこ

とを明らかにする。このように、「渋谷系」は、これまでの渋谷のファッションの流行の中でも、より自由度が高いことを求められるファッションである。

(3) モデル・読者モデル及びストリート・スナップ被写体等が「渋谷系」ファッションに与える影響

ファッション誌編集の現場では、誌面に登場するモデル・読者モデルやストリート・スナップは、読者のファッションスタイルの選択、ひいては消費行動に大きな影響を与えるファッション・リーダーである。これらをどのように使い分けているかを明らかとするため、筆者をインタビュアーとして、「**雑誌1**（25歳前後の女性を主たる読者層としたファッション誌、2008年10月）」、「**雑誌2**（ティーンエイジャー向けの原宿系と呼ばれるロリータ＆ゴシック・ロリータ等を中心としたファッション誌、2009年7月）」の編集長及び「**雑誌3**（ティーンエイジャー向けのギャル系を中心としたファッション誌、2010年3月）」のweb責任者の3名へ知人の紹介により依頼を行い、事前に質問内容の概要をメールにて伝え、必要に応じて詳しい質問を行う1時間程度の半構造化面接を実施し、聞き取り中にはメモを作成した。質問中、モデル・読者モデル及びストリート・スナップの使用についての質問を行った。なお、**雑誌1**では読者モデルを使用しておらず、**雑誌2**ではモデルは全て直接契約でいわゆるタレント事務所経由では使用しておらず、**雑誌3**ではモデルを使用していないもののタレント事務所経由の読者モデルが一部使用されている。

これらのインタビューを総合すると、モデルは美を追求するという点で読者すなわち消費者の理想の存在であるが、一方で自らの体型との差異からそこで薦められているファッションが自分に似合うのかという疑念が解消できないという問題を有する。そのため、モデルほど消費者との体型の差異が存在しない、身近にいそうなイメージを持つ読者モデルを登場させることで、その際を縮める一方で商品イメージも維持する(**雑誌1**では編集方針から読者モデルを使用していない。その理由として、同誌読者は一般的と考えられるケースと異なり、前述の差異を大きく感じることがないという判断である。)。しかし、それでも消費者との体型や着用後

のイメージの差異は完全には解消されないため、ストリート・スナップという形でそのようなファッションを着こなしている一般消費者を登場させ、よりその差を縮める。このように、モデルによる商品の着用のみでは購買に結び付かず、一方で当初より一般消費者を登場させたのでは理想の存在としての商品イメージが維持できないためやはり購買に結び付かない、という問題があり、これらを組み合わせ、さらに中間的な存在としての読者モデルを挟みこむことで消費者行動における問題解決を図っていることが明らかとなる。

　また、インタビューによると雑誌2及び雑誌3では誌面に登場するほとんどの被写体が読者モデル及びストリート・スナップによる一般消費者であった。ただし、読者モデルの中にはモデル・タレント事務所に所属している「プロ」から一般読者が限りなくスナップに近い形で誌面に載っている場合までさまざまであり、その定義は極めて難しい。そのためインタビューにおいて定義に関する質問を行ったところ、以下の3点が述べられた。

　第1は撮影料が安価または無料であるということである。大半の読者モデルには「お小遣い」程度の撮影料しか支払われず、時には支払われない時もある。しかし、多くの読者モデルは「誌面に載ること」が主目的であり、対価に関わらず撮影に応じるケースがほとんどである。第2は他の媒体、特に競合する雑誌等に登場することに制約がないという点である。多くのファッション誌では特定のモデルと専属契約を結んでいるが、読者モデルの場合は契約が概ね単発であり専属契約は行わないことが挙げられる。第3は、意に沿わないファッションで撮影されることを拒むことも可能であるという点である。ただし、第2および第3の点については、契約上そのような行為が可能だとしても、実際にそれを行えば以後撮影の仕事がなくなるのではないか、ということは考慮すべき問題である。ただし、読者モデルは職業としてのモデルとは違い、将来的に誌面に載らなくなることへの抵抗感は薄いということが述べられた。

　このような読者モデルを活用する理由として、雑誌3では中学生・高校生が主な消費者である「渋谷系」ファッションビジネスにおいて購買行動への訴求力を高めるためには、商品紹介記事や広告のコーディネー

図4-6 モデル・読者モデル・ストリートスナップ・読者の立場の違い

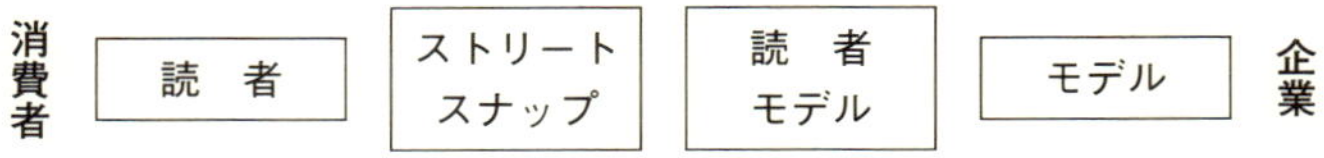

消費者 | 読者 | ストリートスナップ | 読者モデル | モデル | 企業

トより影響力が特に強い「私服」として掲載されるコーディネートなど、学校・家庭のどちらかのライフスタイルに当てはまるメッセージを伝えることが重要であることが挙げられた。

　読者モデルを獲得するため、**雑誌2及び3**では、主に3つの方法で候補者を獲得している。その第1は街頭での声かけである。**雑誌2**は原宿（例えば竹下通りやGAP前）、**雑誌3**では渋谷（例えば渋谷センター街にある店舗「プリクラのメッカ」の前）の路上で新たな読者モデルになりそうな候補者を探し、声をかけることで獲得するケースである。第2は既に仕事上付き合いのある読者モデルやスタイリスト、アパレルなどから紹介を受けるケースである。第3は、雑誌の読者アンケートや直接の売り込みから候補者を探すケースである。いずれのインタビューでも、第1の方法は時間と労力を費やすものの将来的に影響力の大きい候補者にめぐり合うケースが多く、第2の方法は安定した供給源であり、第3の方法ではほとんど採用されることがないと述べた。

　ここで挙げられた読者モデルの多くは、ファッションモデルとしての側面と共に、高校・中学校の生徒としての側面も持っている。彼女たちは、マス・メディア側であると同時に、学校等の集団におけるオピニオン・リーダーでもある。ブログ等により、独自のマス・メディアとして機能している場合すらある。彼女たちの多くはブログ等をビジネスの手段ではなく、自らの表現手段として利用している。毎日の自分のコーディネートの写真を掲載するなどの事例もある。撮影などで得られる最新のファッションの紹介により、彼女たちはイノベータとして機能し、人的コミュニケーションや、ブログ・雑誌等のメディアにより多くの初期採用者としてのフォロワーへ、さらに前期多数採用者へと伝播してゆく。

図4-7 販売員の3つの機能

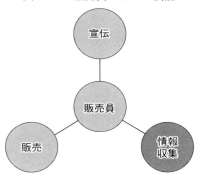

（4） 販売員・プレスが「渋谷系」ファッションに与える影響

ファッションビジネスの現場で店舗に立つ販売員や、カタログやweb、時にはファッション誌にも登場する販売員・プレスやプロデューサーは、モデル等と並び消費行動に大きな影響を与えるファッション・リーダーである。これらの実態を明らかとするため、筆者をインタビュイーとして、「SHIBUYA 109」内に店舗を持つティーンエイジャー前後の女性を主たる顧客とする企業「**販売店1**」に対して、**販売店1-1**（経営者、2010年11月）及び**販売店1-2**（広報担当、2010年6月）の2名に対して、必要に応じて詳しい質問を行う1時間程度の非構造化面接を実施した。本節は同調査の結果である。なお、同社は製造を外部委託しているものの、販売物は全てOEMであり同一商品の他社での販売は行われていない。

販売店1-2へのインタビューによると、モデル・読者モデルなど、メディア側に属する存在だけがファッション・リーダーの役割を担っているわけではなく、ブランドを持つファッションビジネスの側も、販売員・プレスなどファッション・リーダーを社内に有し活用している。彼女たちはメディアへの露出やブログの公開を通じて広報・販売促進の役割を果たすとともに、人的コミュニケーションやSNSなどを通じてオピニオン・リーダーとしての機能も持つ。企業は担当するブランドに近いファッションに対する高い感度を持つ人材を採用しており、中にはモ

デル等の経験者も存在する。時には、彼女たちの個人的な影響力は、メディア等の影響力を凌駕する事態も起こる。また、このような流れの中で後述する「おしゃP」など、新たなファッション・リーダーも産まれている。

　販売店1−1へのインタビューによると、「渋谷系」では、販売員が大きく3つの機能を持っている。第1は、直接的な販売である。店頭において、商品を顧客に勧めるなど購買のための動機づけを行う。これは必ずしも商品知識やコミュニケーション技術だけではなく、販売員自身がそのブランドの商品をどのように身につけているかが重要な要素となる。店舗の顧客に商品を薦めるにあたり、販売員による商品の推薦が高い信ぴょう性を持つためには、販売員自身が同年代であり、かつ見た目にも共感を得られることが求められる。第2は、購買行動に結びつくための商品企画に関する情報収集の機能である。顧客は必ずしも購買のためだけではなく、商品情報の収集や、単に馴染みの販売員とのコミュニケーションのためだけに来店することもある。また、商品の紹介の際にも「自分の好みとどのように違うか」など、どのような商品であれば購買行動に結びつくかの情報収集が行われている。例えば顧客との対話の中で、「この服は全般的に良いとは思うが、ボタンの色が金色なら買う。」という情報が得られた場合、その情報は商品企画部門まで伝えられ、集約された上で次の商品展開に活かされる。そのタイムラグは最短1〜2週間と極めて短い。第3は、広告媒体の一部としての機能である。「渋谷系」において、店舗および販売員は雑誌などと並ぶ媒体の一部として機能している。特に「SHIBUYA 109」では、顧客は頻繁に店舗を訪れる。雑誌等のメディアが月刊であり、かつその発売には撮影からタイムラグがある中で、店舗は極めて短期間で広告媒体として機能することが可能である。第1に挙げた販売の機能と同様、広告の機能を果たすためには、販売員達は「広告に出ているような」ファッション・リーダーであることが求められる。販売員は、最新の商品を着こなすことで自らが雑誌に掲載されるモデルと同様の機能を果たすのである。

　「渋谷系」の消費者層からは「ショップ店員」と呼ばれる職種である販売員のファッション・リーダーとしての役割が重要であることが、渡

辺・城（2007）でも指摘されている。1990年代の「渋谷系」においてはこれに留まらず、ファッションブランドEGOISTにおける森本容子・中根麗子両氏を代表例とする、「カリスマ店員」と呼ばれる強い影響力を持つ販売員が雑誌・テレビなどのマス・メディアで取り上げられた（渡辺・城（2006））。現在でもアパレルブランドの販売員がファッション誌に読者モデル等として掲載されることは多く、**販売店1**においてもファッション・リーダーの供給源として重要な存在であり、強い影響力を持つオピニオン・リーダーでもあることを意識して採用を実施しており、より消費者の目線に近い販売員を獲得するため店舗を通じたリクルーティングが行われている。あるブランドに高いロイヤリティを持つ顧客は、多くが同ブランドの商品知識に精通し、「着こなし」の知識なども得ている。また、容姿やコミュニケーション能力は、既に販売員となっているスタッフが普段の接客を通じて把握している。このような中で、販売員として将来性が見込まれる場合、販売員や店舗を統括する店長から採用部門に推薦され、採用に至る。「販売員としての適性を最も理解でき、評価できるのは最前線である店舗」という考えが浸透しており、採用におけるメインのルートである。新卒としての採用であっても、このようなルートでの採用も維持されており、リクルートスーツを着て、「御社は……」といった就職活動特有の通過儀礼を経ることはなく採用される。このように、既にブランドにロイヤリティがあり、商品知識も持ち、コミュニケーション能力と広告媒体としての機能が他の販売員により相互認証された人材が新たに採用される。ここには、本社の人事部門が最新の「渋谷系」に関する感覚を有さなくても採用における適材の確保が可能となる仕組みが存在している。ただし、この手法は採用される人物が採用時に推薦したブランドのイメージに近い存在であり、勤務先もそのブランドの店舗であることが前提である。そのため、他のブランドへの人事異動などを考える際には障壁となる場合もあり得る。そのため、「渋谷系」以外のファッションビジネスも扱う企業の場合、人事による一括採用をメインとしているケースもある。

また、**販売店1-2**へのインタビューでは、「渋谷系」ファッションブランドには、販売員以外にも「プレス」と呼ばれる宣伝の役割を担うス

タッフが存在することが述べられた。主に宣伝を担当する職種であり、その業務は大きく3つに分けられる。第1は宣伝に関する企画立案やメディア等の媒体との連絡であり、主に雑誌やテレビなどのメディアへの対応であり、管理職であるプレス・マネージャ等が担当するケースが多い。第2は担当するブランドの衣服やアクセサリー等を、スタイリストや雑誌の編集者、テレビの衣装担当等に貸し出す業務であり、これらはリーシング（leasing）と呼ばれる。リーシングのためにプレスルームと呼ばれる施設が社内外にあり、これらは店舗とほとんど変わりない内装であるが、外部から中が見えないという点では店舗と異なる。「渋谷系」ではほとんどの場合社内に置かれているが、ラグジュアリーブランド等ではこの業務は外注されることも多く、外注先はアタッシェ・ドゥ・プレス（attache de press）と呼ばれる業種となる。リーシングは通常無料で行われるが、これは自社の商品が雑誌やテレビ等に露出することが大きく宣伝になることによる。また、貸し出された商品の媒体露出の状況を管理し、顧客からの問い合わせには迅速に対応できることが必要である。第3は、プレス自身が担当するブランドのファッションでメディアに露出することである。多くの雑誌ではさまざまなブランドのプレスが登場している。モデル・読者モデルともストリート・スナップとも違うものの、メディアにおける機能は同一である。通常モデル等の撮影料は媒体側が負担するのに対し、プレスの場合はブランド側に属するため媒体が負担しない。一方で他ブランドのファッションでは露出できないなどの制約も存在する。多くのブランドは誌面に多くの商品を掲載させるため、積極的にプレスの媒体への露出を促進している。

　上記の3業務に求められる能力は、それぞれ異なる。主に管理職が担当する宣伝等の企画立案は、他業種で宣伝・広報を担当するなど、多くの経験を積んだ人材が多い。一方でリーシングはスタイリストや編集者等への一種の接客であり、販売員に近いスキルが求められるため、販売員経験者が登用されるケースが多い。また、メディアへの露出は、限りなくモデルに近い仕事であり、求められる容姿や才能も似通っているため、大学でのミス・コンテスト出身者や、学生タレント経験者等が候補者として挙げられる。近年ではこのメディアへの露出へ特化したプレス

も多く存在し、ヴィジュアルプレスと呼ばれている。プレスの多くは常勤であるが、ヴィジュアルプレスについては、撮影料ベースなどの雇用形態も多くみられる。

この他、現在ではファッション・リーダーがプロデューサーとして、ブランドマネジメントを担当するケースも産まれている。実際にはクリエイティブ・ディレクターに似たポジションであるケースが多く、いわゆる「カリスマ店員」やモデル・読者モデルなどのファッション・リーダーがこのような立場でビジネスに関わっている。この分野の先駆けの1人である前述の「カリスマ店員」出身の森本容子は、「渋谷系」の有名ブランドの1つである「moussy」のプロデューサーを経て後に「Kariang」を立ち上げた。また、松本恵奈は読者モデルであると同時に、「EMODA」のプロデューサーを兼ねている。松岡里枝は、読者モデルであると共に有名ブロガーでもあり、Cecil McBEEなどのブランドを擁するJapan Imaginationに入社し、「Ank Rouge」のプロデューサーとなっている。この傾向は日本だけではなく、海外においても有名人が実質的か否かを問わずファッションブランドのプロデューサーとなることは近年増加している。このように、ブランドのクリエイティブ面を統括するプロデューサーは、「おしゃP」と呼ばれ、若い世代の憧れの職業の1つとして認知されている。

販売員からの情報の伝播は、一般消費者に対しメディアを介さず、直接情報を伝播する。また、販売員・プレスや「おしゃP」によるブログ等のコミュニケーションは、情報の発信者であると同時にオピニオン・リーダーとしての機能も併せ持つ。ここで考慮すべきはこのケースの場合、一般消費者の直前までは全てファッションビジネス側に属しているという点である。これは、オピニオン・リーダーを介さない、店舗やブログ等を介した皮下注射型であると言えなくもない。

しかし、現実にはこれも情報の2段階の流れを無視できない。なぜなら、販売員やプレス等は現実には「消費者であると同時に顧客」でもあり、企業側がSNSやブログなどを完全に統制することは難しい。組織人としての行動と個人としての行動は時に混じりあうものの、別と考えなくてはならない。例えば彼女たちが納得しないスタイルの提案は、個

人としてのブログ等に投稿されることなく、また顧客の強い購買意識を呼び起こすこともできないのである。

4 「渋谷系」の消費行動

　これまでに述べたように、オピニオン・リーダーとしての立ち位置を有するモデル・読者モデルやストリート・スナップの被写体、ならびにプロデューサー・プレス・販売員などは、図4-8が示すように消費者としての側面も持つ。このような状況になった可能性には、いくつかの理由が考えられる。その第1として、ブログ等の個人が発信できるメディアが普及したことが挙げられる。現代の高校生・中学生は、リアルと呼ばれる個人掲示板やプロフィールサイト、Twitter・Facebook・mixi 等のSNSなど多くのメディアによる情報発信を自ら行っている。ファッション・リーダー達も同様に公式・非公式な形で情報発信に参加しておりその影響力は強い。これは、マス・メディアが強い影響力を持ち、それを受けたオピニオン・リーダーを介してフォロワーである一般消費者に伝わるという時代から、オピニオン・リーダーとしてのファッション・リーダーの影響力が最大化するという変化に影響されていると考えられる。第2に、消費者に近い存在がマス・メディアに多く登場してきたことが挙げられる。かつて、雑誌のモデルは一般消費者には遠い存在であった。しかし現在ではそのような社会階層の影響もなく、メディアに露出する読者モデルやストリート・スナップの被写体は、多くが普段から渋谷で遊び、買い物をする一般消費者でもあり、これは販売員やプレスであっても同様である。もはや、「ファッション誌に出たいためにモデルになる」時代は、終わりを告げたとさえ言える。第3に、「渋谷系」ファッションを扱う企業にとって、自社の従業員としてのプロデューサー・プレスや販売員と一般消費者との間の線引きがあいまいになっていることが挙げられる。彼女たちは、個人のブログやSNSで他社の商品を薦めることなどに対する抵抗感はない。また、ある販売員に対しロ

図4-8 「渋谷系」におけるオピニオン・リーダーと消費者

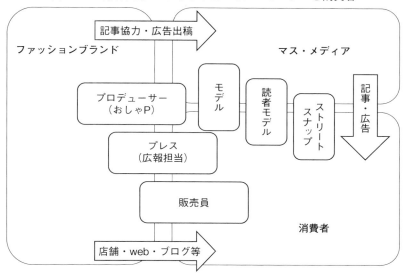

イヤリティの高い顧客は、例えば個人としてのブログなどからも情報を得ており、例えばその販売員が他のブランドへ転職・移籍したとしても、その情報は伝わる。このような状況下ではファッションブランドは自社の販売員達に対して、「顧客であるかのように」接することすら必要になる。しかし、このような販売員や、自社の宣伝のためのモデル・読者モデルは、同時に一般消費者の代表例としても適材である。企業が顧客の消費者行動を把握する際に、彼女たちに対するテストマーケティングを行うなど、より良い環境が整備されているとも考えられる。

5　ファッションの流行における脱社会階層がもたらした影響

　本章では、ボトム・アップに情報が発生し伝播する「渋谷系」ファッションの概要と特徴を、トリクル・ダウンに情報が伝播するVeblen

(1899) や富裕層が上流であった「渋カジ」との比較による考察を行った。先行研究やインタビューから考察した結果、「渋谷系」での情報の伝播は上流から下流へと伝播するトリクル・ダウンの流れではない。オピニオン・リーダーは存在するものの、上流に少数存在するのではなく、消費者間に多数存在しているファッション・リーダーでありオピニオン・リーダーである。彼女たちは同時に消費者でもあり、情報はボトム・アップに発生し情報を伝播している。

　ファッションブランドやマス・メディアはボトム・アップに発生する情報の収集と伝播のため、有力なオピニオン・リーダーの自社への囲い込みを行っている。ファッションブランドを擁する企業は有力なオピニオン・リーダーとなりうる消費者をプロデューサー・プレス・販売員として雇用している。そのため販売の現場である店舗を重視し、人材採用のリクルーティングの場としても活用している。マス・メディアはファッション・リーダーとしてのモデルの他、他の消費者の消費行動に強い影響を与える読者モデルやストリート・スナップを掲載している。新たな人材の獲得のために、路上での声かけなど有力なオピニオン・リーダーとなりうる消費者からの獲得のための活動を実施している。このような状況は、「たくさんの消費者の中に強い影響力を与える消費者が存在する」ことを示唆している。ファッションビジネスのための消費者行動に影響を与えるためのブランドや商品に関する情報の伝播は、サロンからマスに、もしくはセレブからマスメディアへ移行することで、「社会的上層に存在する一握りのオピニオン・リーダー」ではなく、「消費者間のネットワークに存在する多くのオピニオン・リーダー」に影響を与えることが求められる。

6　秋葉原を主たる消費地とするコンテンツ産業との比較

　ここまでで述べたような渋谷系の特徴は、秋葉原地域を主消費地とするとするコンテンツ産業と同じく、日本型の模倣と趣向を共有し遊ぶ文

化であり、受け手が強い評価のネットワーク力と触媒力を持ち、かつ供給する企業等がこれらの文化を理解しマーケットの前提として参入している産業である。ここでは模倣の軋轢が存在しないわけではないが、一方で高い寛容性が前提である。ただし、コンテンツ産業とはいくつかの相違点を有することも指摘する必要がある。その第1は流行に対応する速度である。渋谷系は最短2週間程度のサイクルで流行が推移するが、これは評価を受けた新商品の市場への投入を素早く行うことができることによる。一方でコンテンツの業界では、携帯小説や携帯電話・スマートフォン等をプラットフォームにするゲームなど、より早く流行に対応できるコンテンツも存在しつつも、**第6章**で扱うPCゲームであれば約1年、商業出版としてのマンガやアニメーションも同様に早いサイクルに対応することが難しい形のコンテンツが多い。第2に複製を許容する幅の違いである。ファッションにおいてはかなり近似したデザインであってもこれらが知的財産上の争いとなることは少なく、むしろ他社で人気を博した商品を他の企業が近似した形で生産し、若干のタイムラグで市場に投入することも多い。しかし、ゲームやマンガ・アニメーションやライトノベルにおいてはあからさまに近似したコンテンツは「パクリ」としてユーザーから忌避される可能性が高い。ゲームであれば、音と小説を主たるコンテンツとする「サウンドノベル」や、画像と小説を主たるコンテンツとする「ビジュアルノベル」など、一定の形式を模倣することは多く行われている。しかし、シナリオそのものや画像・イラストを近似させることは容認されづらい傾向にある。そのため、渋谷系といわゆるコンテンツとを比較する際には、これらの違いを踏まえて検討する必要がある。

　これらを踏まえ、**第5章**では商業集積としての渋谷と秋葉原を比較することで、商業集積面での共通点と相違点を明らかにする。

第 5 章

クリエイティブ産業に関する商業集積の形成過程
渋谷地域と秋葉原地域の比較から

1　はじめに

　商業集積地は製品の販売ないしサービスを提供する多くの商店ないしは百貨店、若しくは百貨店に近似した機能を持つ商業ビル等が集積することで形成されている。高度に専門化した広域的商業集積地は、商業の中心地としての役割と共に、イノベーションの揺籃地としての役割を担い、その進化の過程で特定の商業分野が増加することで様相を変化させ続ける。この過程が進化と定義されるためには、大規模化ないし多様化が進行し、来訪者が増加することが求められる。

　商業集積の代表的な形態として、渋谷や銀座・新宿など百貨店ならびに共同商業ビルを中心として発展した商業集積が挙げられる。このような地域では複数の百貨店・共同商業ビルが存在し、その周辺に中小規模の小売店舗が集積する形態となっている。一方で、中小規模の小売店舗が中心となり、百貨店や商業ビルが中心ではない商業集積も存在する。例えば電子機器やコンテンツ産業の代表的な商業集積である秋葉原はこの典型例であり、近年大規模商業ビル等の建設が進みつつあるも、中心はあくまで中小の小売店舗等となっている。このような商業集積は他にも神保町（書籍商）・御徒町（宝石商）などが存在する。本章では、東京都心部の商業集積を、秋葉原地域を事例とする小規模店舗の集積によっ

て形成される商業集積、渋谷地域を事例とする大規模小売店舗等を中心とする商業集積の2つに大別し、その特徴や形成過程を研究することで、これらがどのような違いによって異なる発展の途を歩んだのかを明らかにすることを目的とする。

2　対象地域の選定と研究手法

　本研究においては、渋谷地域と秋葉原地域を比較対象とする。この2つの地域はどちらも戦後の焦土からの復興という点で、現在の商業集積の形成が始まる時期・条件をほぼ同一としている。また、復興当初は露天商を含む多くの個人商店が中心であったこと、後に専門性を帯びてくるにせよ当初は事実上の総合小売市場であったこと、露天商の撤廃が同時期に行われたことなど多くの共通点を有している。ただし、戦後の商業集積地における闇市や露天商に関する研究は、その多くは新宿や御徒町の「アメ横（アメヤ横丁）」を対象とするものはあるものの、渋谷・秋葉原地域ではあまり行われてこなかった。その要因として、新宿や御徒町では当時の記録が多く残っているのに対し、渋谷や秋葉原はこれらが極めて少ないことが挙げられる。

　闇市からの商業集積の成長に関する文献としては、アメ横に関しては長田（2006）、新宿については尾津（1998）などが挙げられる。また過去から現代に至る露天商に関する研究としては厚（2012）が代表的であるが、同研究は城東地域が中心であり、渋谷・秋葉原地域へただちに適用されるものではないが、多くの露天商の慣習に言及している。このように、戦後復興期の渋谷・秋葉原地域についての研究もあまり研究対象となってこなかったと言わざるを得ない。

　本章の研究対象となる商業集積地の現在は、渋谷地域は百貨店及び大型商業ビルが中心となっている[38]ことに対し秋葉原地域は中小店舗が中心であること、渋谷地域が比較的長期にわたってのファッション産業の中心として機能しているのに対し、秋葉原地域は電子パーツからゲー

ムなど、さらにはメイド喫茶やアイドルなど、より広義に解釈されるコンテンツ産業の中心として機能しているという違いがある。このように当初多くの類似点を持ちつつもそれぞれが独自の発展を遂げたという点から比較対象としての選定を行った。

　秋葉原地域は小山（2009）・中村（2012）などで示されたように、事実上戦後の闇市から始まっている。領域は中央通りから周辺地域に大規模化し、また電子部品の街から家電、さらにはオーディオ・ゲームからマンガ・アニメーション、現在はメイド喫茶などのサービス業に到るまで多様化が進行し続けている。来訪者も増加し、現在では訪日観光客の観光地の1つともなっている。しかし、全ての商業集積がこのような進化過程を辿っているわけではない。本章で秋葉原と対比している渋谷地域は、秋葉原や他の東京都内の商業集積と同様に第二次世界大戦によって一度消滅し、戦後の闇市として復興が始まった。現在ではファッション分野への専門性が高く、百貨店や商業ビル、路面店など多くの店舗が集積している。ただし、同地域は古くからの飲食店やサービス業、クラブやホテルも多くあり多様化も進行しているが、商業集積の中心となりうるビジネスが大きく変わることが少ないという点は秋葉原と大きく異なる。

　しかし、この2つの地域は先行研究の蓄積は大きく異なる。秋葉原地域は多くの研究において調査対象地域となっており、電子産業時代を中心とした日本経済新聞（1982）の他、近年の変化についても遠藤（2005）、片山他（2009）、林他（2013）、小山（2009）、妹尾（2007a）、中村（2012）、藤田（2006）、三宅（2010）、森川（2003）などが挙げられ、他にも多くの研究が存在する。しかし、渋谷地域は村松（2010）などの研究で中心として扱われ高井（2012）などの文献があるものの、少なくとも秋葉原と比較して、商業集積を含む第二次世界大戦後の変化に関する研究の蓄積は少ないと言わざるをえない。このように渋谷地域が多く研究対象とな

（38）渋谷地域においては渋谷地下商店街が露天換地によって設立されるなど、地権者主導型の再開発が実施されている。ただし、西武グループによる「パルコ」など、大資本による商業ビルが多いことは特徴的である。

らなかったことについてその理由では定かではないが、フィールドワークにおいてインタビューを行った際にもインタビュイーにほとんど研究者との接触経験がなかった。そのため、本研究では同地域の再開発の実施者や地権者等へのインタビューを行い、これらの情報を文献や史料から補足する形で歴史的な視点から検討する。

なお本研究では、フィールドワークの一環として、2011年11月26日に道玄坂共同ビルの地権者であるA氏、2011年12月7日に道玄坂共同ビル建設にあたる開発事業に関わったB氏に対するインタビューを実施した。

3 戦後復興初期の東京

国民への食糧供給を配給制度によって支えていたにもかかわらずその機能が事実上停止していた戦後復興初期の東京において、闇市は人々にとって生活物資の主たる調達先であった。当時の状況について参議院（1947）において深川タマエは「例えば最近のような闇市場のような例を引きましても、今日野菜や魚等は配給だけでは間に合いませんので、どうしても闇の力を借りなければなりませんが、どこの闇市場でもどのものでも大抵賣格は一定しております。」と述べた。このような闇市は終戦の1945年8月15日から渋谷や新宿等各地に産まれてゆく。尾津（1998）によると、8月15日以降同年10月下旬まで、当時の五大新聞に以下の広告が掲載された。

《転換工場並びに企業家に急告》
平和産業の転換指導はもちろん、其出来上り製品は當方自發の「適正価格」で大量引き受けに應ず。希望者は見本及び工場原價見積書持参至急来談あれ。
新宿マーケット　関東尾津組　淀橋区角筈一ノ八五四（瓜生邸跡）

この広告が掲載された背景には、少なくとも当時の新聞社にとって、闇市の存在や運営する組織ならびに広告内容の双方に差し支えがないと判断されたことが挙げられる。尾津（1998）では、この「適正価格」の算定を「（資材原価7／10）＋（工賃）＋（工場諸掛）＋（利益2割））（工場の適正価格）」と計算しており、このうち資材原価は闇市場での取引価格を基準とした。

尾津（1998）によると、ここで記載されている「適正価格」とは公定価格ではないという意味合いであり、その理由は、当時定められた公定価格が実質的に価格を定める効力を有していなかったため、独自に定める必要があったと述べられている。

4　闇市から店舗へ

しかし、この国民の生活を支えていた闇市は、衛生上の問題として連合国軍最高司令官総司令部（GHQ）の指示により解体されることになる[39]。そのため、新宿と同様、闇市として栄えてきた渋谷・秋葉原地域も大きく転換を迫られることとなった。

とはいえ、渋谷・秋葉原地域を含む都市部における闇市を閉鎖することは、簡単ではなかった。その第1の理由は、事実上人々があらゆる商品を購買している闇市の閉鎖は生活に直結する大問題となることである。1946年に当時経済犯罪を担当していた山口良忠判事が配給以外の食糧を口にせず餓死したことが大きく取り挙げられるなど、極めて食糧事情が悪い中での闇市の閉鎖は、地域住民の生存を脅かす問題であった。そのため多くの地域において闇市が担ってきた食料供給機能を維持するために、行政は闇市を構成する商人達を常設店舗で引き続き商売を続けるよう誘導することとなった。そのための手法として、街区整備を実施し、

---

(39)　村松（2010），185頁ならびに日経産業新聞（編）（1982），63-66頁。

建設した平屋や2階建の長屋にこれらの商人を収容し、同じ場所において引き続き市場としての機能を保つ試みが行われた[40]。ただし、闇市における土地の権利関係は非常に複雑であり、単純には土地所有者・賃借人・営業権を持つ商人などに分類されるが、実際には又貸しが行われる[41]など更に複雑となっていた。この複雑な権利関係は街区整備のプロセスにおいて整理されつつも、多くはそのまま継続することとなる。しかしGHQが指摘した衛生面については、床面積を増加させるための高層化と、防災面での安全性を図るための鉄筋コンクリート化、上下水道の整備など多くのメリットも存在した。

5　街区整備から再開発へ

　長屋型の店舗に収容されたかつての闇市は、その後渋谷地域・秋葉原地域では違った変化を辿ることとなる。秋葉原地域では中小の商店が多く残り、商業ビルであるラジオセンター・ラジオストアなどは区分所有ないしそれに近い形態として、権利者が自分たちの持ち分に応じて営業ないし賃貸を行っている。近年秋葉原でも大きな再開発が立て続けに行われているが、これらの中心は旧鉄道用地であり、実施にあたって立退き問題や権利調整は比較的発生しづらい構造にあった。一方、渋谷地域は大きく様相が異なる。渋谷では東急百貨店や西武百貨店などが存在する他、渋谷駅前は小規模な権利者が多数存在するなど混在していた。そのためか再開発に関わるデベロッパーは中小の権利者との調整が多数発生することとなり、例えばSHIBUYA 109では地権者による持ち分はあるものの、その床の賃貸に関してはデベロッパーが一括して窓口となり調整を行っている。そのため、共同商業ビル全体の意思統一や運用が百貨店と同様容易になる環境であった。この違いは、秋葉原地域における

---

(40)　闇市における商人はGHQや行政の斡旋により引き続き商業を担っていた。
(41)　後述のA氏ならびにB氏へのインタビューで双方より言及された。

表5-1 渋谷・秋葉原の相違点

	渋谷	秋葉原
商材	ファッション	電気・電子コンテンツ
開発主体	大資本（西武・東急）	地権者
テナント管理	デベロッパー	個別地権者

店舗の多くが比較的業種内の細分化された小売を担う存在であったのに対し、渋谷地域はそれぞれの店舗が秋葉原に対してより競争環境にあったことも一因ではないかと考えられる。

6　高度に専門化した広域的商業集積地

　近隣地域からの集客力が高い、自然発生的な商業集積地である商店街は、多くの場合近隣の住民の生活を充足するための総合的な役割を担ってきた。しかし、近年では商圏人口の減少や自動車等の普及と郊外型大型ショッピングセンター（SC）の増加、通信販売の普及などにより、その役割が脅かされつつある。特に、計画的に造成された商業集積であるSCが商店街に代わる地域コミュニティの中核的存在となる事例など、生活関連商品の商圏は広域化している。一方で、当初から広域的な顧客を対象とし、ある程度業種が限定された商業集積地は、今なお高い顧客への訴求力を維持している。東京都では渋谷・青山・銀座はファッション、神保町は古書、歓楽街としての新宿・渋谷・新橋・上野などの商業集積が代表的である。この他にも西日暮里の駄菓子や岩本町の繊維など、様々な商業集積が存在する。これらの地域は、地域居住者の利用より外部からの訪問者が多いことが特徴として挙げられる。戦後の闇市が母体となっているものも多く、現在では露店換地による共同商業ビル[42]が

形成されるなどの特徴を有する。

　本章では、日本のコンテンツ産業の中心地の1つである秋葉原地域、ファッション産業の中心地の1つである渋谷地域を事例とし、広域的商業集積地は単なる商業の中心地という役割に留まらず、先端的な消費者が集まり、店舗側もそれに応えるという相互作用によって新たな商品・サービスを産み出すイノベーションの発生源という役割も担っていることを説明する。

7　秋葉原に関する商業集積に関する先行研究

　高度に専門化した広域的商業集積地は、商業の中心地としての役割であると同時にイノベーションの揺籃地としての役割を持つ。このような場合、その進化の方向性は新たな商業分野等の創出が寡占的に増加し商業集積の様相が一遍する、破壊的イノベーションがもたらすような変化が発生するのではなく、新たに創出された商業が集積地の中に溶け込み、より多様な商業集積へと変化する。このような商業集積地においては、周期的に特定の分野の商品が多数を占めるものの、長期的には小山（2009b）が「地層」と表現する、重層構造的な商業集積を形成する。広域的かつ高度に専門的な商業集積地としての秋葉原は、本章が扱う商業集積の代表的な要素を多く備えている広域的商業集積地の1つである。秋葉原地域は当初電子部品の商業集積から発展し、現在は電気製品やコンテンツ、さらには飲食・サービスなど、より幅広い分野の商業集積となっている。一方、渋谷地域はファッションや飲食・サービスの商業集積地となっている。そしてどちらも前述のように闇市に端を発し、露天撤去による複数の共同商業ビルが建設されている。

　出口（2009b）は秋葉原を、コモディティ化した製品を「卒業」し、「目

---

(42)　露天撤廃令とよばれるGHQの指令を受け露店の営業者が共同で商業ビルを建設し、そこでこれまで同様に営業を行うための施策が行われた。

利き」の出来る成熟した消費者が集まる街として進化していることで、少数だが熱狂的な支持を集めているタイプの製品（作品）の普及の場となるだけでなく、情報の発信地ともなっている超多様性市場として議論している。また小山（2009b）は、秋葉原で販売されている製品ジャンルの時代的変遷について歴史的な視点からの概念枠を提示した上で秋葉原が持つ揺籃機能について整理し、消費者嗜好の「重心シフト」がハードからソフトへと移行していることを指摘している。本章は出口（2009a）の超多様性市場論とそれを秋葉原に対する議論に応用した小山（2009b）の枠組みを下敷きとし、歴史的発展プロセスとの整合性を検討する。

　秋葉原地域に関する歴史的な視点からの先行研究には以下が挙げられる。猪口（2008）は、現在の秋葉原地域が「秋葉原」と名付けられるに至った由来について、1869年（明治2年）の東京の大火後、今後の火事の延焼を食い止めることを目的としてここに火除け地（空き地）が設けられたこと、またここに鎮火神社が建立された際に火除の神「秋葉さん」が勧請されたことに由来すると述べている。片山他（2009）は秋葉原を集客型市街地の1つと定義し、その変容過程に関する考察として主に住宅地図・建物用途現況図による分析を行い、秋葉原のインキュベータとしての機能は「裏通りのマイナー・インディーズ業種を嗜好する秋葉原のコア客層によって支えられている」と指摘する。また、秋葉原の歴史を「家電・安売りの街（戦後～1960年代）」、「オーディオの街・世界の電気街（1970～80年代）」、「オタクの街、ITの街（1990～2000年代）」に区分して検討し、秋葉原が賑わいを生み出し続けてくることができた要因を「顧客の嗜好と商業者の販売努力の均衡と新陳代謝」であると指摘した。秋葉原の歴史については、秋葉原地域の電気製品の販売を行う企業が中心となっている団体である秋葉原電気街振興会が「秋葉原アーカイブス」という形でまとめている他、株式会社価値創造研究所（2007）は秋葉原の変遷と日本の電気産業の関わりについて、「ラジオの時代−戦後復興期」、「テレビ・家電の時代」、「オーディオ・AVの時代」、「パソコンの時代」、「ゲーム・アニメの時代」と区分し、それぞれの店舗が複合的に集積していることを指摘している。

　また、秋葉原の商業集積の現状に関する先行研究には以下が挙げられ

第 5 章　クリエイティブ産業に関する商業集積の形成過程　89

る。藤田他（2006）は建物床用途の現状分析により、「1990年代から増え始めたアダルト系・ホビー系・メイド系のテナントが、電気街としての秋葉原を支えてきた家電製品を駆逐」しメインカルチャーとなりつつあることを指摘している。同様の調査により木村他（2007）は、テナントの業種とビル等の階層を調査することで「アダルト・ホビーのまち」と移行しつつある秋葉原が一方で住宅地としてのニーズも高いことを明らかにした。清水他（2008）は、秋葉原地域において歩行者に対する追跡調査及びGISを利用したモバイル端末による回遊行動調査により、「暗黙知としての地域情報」とは「地域の知識を有する"人"が発信する情報」であることを指摘した。森川（2003）は、SC「アキハバラデパート」内のテナントについて1999-2003年に調査を行い、同ショッピングセンターにおけるオタク系専門店の増加が1997年以降に始まったことを明らかにした。菊池（2008）は、ステレオタイプな「おたく」とは何かという視点から、新聞記事の記述では「90年代末から2000年代初頭にかけて秋葉原の変容が加速し、2003-04年頃には『秋葉原のおたく＝萌え系』という認識が形づくられた」としている。妹尾（2007a）は、「アキバらしさ」について、「徹底集積」・「新旧融合」・「構成の多重性」を挙げている。兼田他（2011）は、現在の秋葉原への来訪者に対する質問紙調査により、その回遊行動を調査したものである。

　このように、秋葉原地域については多くの研究が行われているが、本章の視点からは大きく2つに分かれる。その1つは「ある商材がどのように生まれたか」であり、これは主に歴史的視点によって研究されている。もう1つは「秋葉原に存在する商材別の大きな商業クラスタを明示するもの」であり、これらは主に現地調査によって研究されている。これらの研究から、現在の秋葉原に様々なジャンルの商業集積が存在することが指摘されている。また、これらの変遷の他方には、ある分野での商業集積としての優位性が揺らいだにも関わらず、結果的に商業集積としての優位性が維持されるという現象が存在する。例えば、「家電の街」の時代は品揃え豊富な家電販売店の全国展開立地が進み、専門分野としての豊富な品揃えによる家電販売という分野では秋葉原に立地する優位性は揺らいだ。しかしこの変化とともに衰退することなく、むしろ秋葉

原電気街の主要部分が次の分野、例えば情報・通信分野へ移行し、引き続き商業集積としての優位性を維持した。

これらの点から、本節においては小山（2009b）が「地層」と表現する、重層構造化した商業集積と歴史的な発展プロセスについて考察を行った。そして、本節は過去と現在の間のプロセスを読み解くことで新しく産まれた商業クラスタが他のクラスタを消滅させることなく、商業集積に組み込まれることでより多様性が高まることを指摘し、新たな知見を導こうとするものである。

8　秋葉原の歴史

(1)　秋葉原の成立：江戸〜明治期

下級武士の居住地域であった現在の秋葉原地域は火事も多く、火除け地となり1870年（明治3年）には遠州の秋葉大権現を勧請した鎮火神社が鎮座し、これが秋葉原の名前の由来であると猪口（2008）は指摘する。また、1890年には上野からの鉄道の延伸により秋葉原駅が設置された。秋葉原電気街振興会（2011）によると1886年に伊勢屋丹治呉服店（現在の伊勢丹）が創業した当時はまだ電気街という趣ではなく、主な店舗は馬蹄や骨董・麻布などであった。

(2)　交通の要所と電気利用の始まり

大正〜昭和初期の秋葉原周辺は交通の要所であった。1912年に開設された万世橋駅は東京都電車（都電）のターミナル駅であり、かつ中央線の始発駅として都内第4位の乗降者数であった。当時の都電ネットワークは東京都内に網の目のように張り巡らされており、万世橋駅から日本橋や新橋・上野・淡路町・日比谷公園・両国などに容易に移動することができた。

また、電灯や工場での電気需要、ラジオ放送の開始など電気の利用が社会に普及し、秋葉原地域にも電気材料に関する商業集積が発生し、現

第5章　クリエイティブ産業に関する商業集積の形成過程　91

図5-1　秋葉原の昼の風景

筆者撮影

図5-2　秋葉原の夜の風景

筆者撮影

在の山際電気商会や廣瀬商会などがラジオなどの販売を行っていた。しかし太平洋戦争が始まると、電気材料などは軍の需要が高まったことから、民間の商業としては成立が難しい状態が続いた。そして、1945年3月9-10日の東京大空襲により、この地域も焦土となった。

(3) 闇市とラジオの時代

　戦後、東京都内の新橋・新宿・池袋・渋谷などに闇市が産まれ、当時の商業の中心となった。秋葉原付近にも須田町〜小川町に闇市が産まれ、当初は生活に必要な資材を扱っていたものの、専門化していった。その理由として、ラジオ放送が再開され、国民的な娯楽に成長したことが挙げられる。また、ラジオを街頭で聞くのではなく、自宅で聞くことが普及したことから家庭用ラジオの需要が高まったこともあり、須田町〜小川町の闇市で旧軍や米軍からの流出した真空管の売れ行きが高まり、これを扱う露天商が増えたこと、また近隣の電気工業専門学校（現在の東京電機大学）の学生が製造販売を行うなど電気街化が進行した。知念（2010）によると当時のラジオの完成品は、こういった闇市での販売に比べ約3倍の価格と奢侈品としての30％の物品税が課されることから、組立販売は大変好評であった。そして1951年のGHQによる露天撤廃令により、闇市の露天商は秋葉原駅のガード下等を代替地として移転することになり、現在の秋葉原に見られる電気街としての小規模集積が始まった。ただし、当時の秋葉原高架下は商業的に良い土地であったとは言えない。知念（2010）は、露店の撤廃による秋葉原高架下への移転について、「移転した当初は露店当時の賑わいとは一転、冬の寒風厳しい日には通路に火鉢をおき店員全員で暖をとるほど駅周辺は閑散としていた。」と述べている。また、露天から共同商業ビルへの移行は高層化の開始とも言える。このようにして、戦後復興を通して電子部品・パーツを扱う店舗が集積する地域としての秋葉原が産まれた。

(4) 家電の時代

　昭和30年代〜40年代は高度成長期として、「もはや戦後ではない」という言葉が流行し、家電が家庭に普及したことが大きな変化として挙げ

第5章　クリエイティブ産業に関する商業集積の形成過程　93

られる。この時代、秋葉原は家電の街となる。昭和30年代には白黒テレビ・電気洗濯機・電気冷蔵庫が三種の神器として家庭に導入され、昭和40年代には新三種の神器としてカラーテレビ・クーラー・自動車の需要が増加した。特にカラーテレビ・冷凍庫付き冷蔵庫の普及はめざましく、日本の生活における電気の使用がより普及していく時代である。秋葉原はこの時期、家電量販店が集積する地域として知られた。

（5）　ホビーの時代

昭和50年代は田中（1972）による「日本列島改造論」の時代であり、日本中が開発ブームとなり土地価格が高騰し商業集積地の高層化が行われた。秋葉原でもラジオ会館等が高層化するなど、現代の秋葉原に近い様相となって行った。また、地価の高騰により、小規模な部品商などの小売・卸・メーカーなどは神田寺あたりに移動してゆき、現在の秋葉原の裏通りが産まれることとなった。この時代はホビーの店舗が増加した時期でもあり、その代表例として日本電気によるマイコンを扱うアンテナショップであるBitINN東京が挙げられる。同店の誕生に続き80年代には多くのマイコンショップが誕生し、コンピュータが秋葉原でも認知されてくる時代となった。また、アサミ（ラジコン）・カクタエックスワン（ラジコン・モデルガン・模型）・ロケットアマチュア無線本館やオーディオ・ヴィジュアルなどの専門店舗が増加した。さらに、この頃には日本家電がMade in Japanとして評価されるようになり、お土産としての購入にも専門店街として秋葉原は対応した。

（6）　ゲームとパソコンの時代

昭和60年代には、ゲームの時代が訪れた。1983年にファミリーコンピュータが発売され、ドルアーガの塔（1984）・スーパーマリオブラザーズ（1985）・ドラゴンクエスト（1986）などの人気ソフトで他のコンシューマゲーム機市場を寡占的に押さえることとなる。当時はカクタエックスワンの他、三桜電気・古川電気などがこれらを扱う主要な店舗であった。一方でラオックスのザ・コンピュータ館及びツクモパソコン本店（1990）、ソフマップ総合アミューズメント館（1993）など、パソコンショップが

増加した。菊池（2008）が「ゲームマニアが最新のパソコンを求め」と指摘したように、これにはパソコンゲームの普及も一役買っていた。そして、1995年に発売されたMicrosoftのWindows 95発売日のお祭り騒ぎなどが注目された。

　この時期の秋葉原は、このようにファミコンとパソコンの街として注目を浴びた。特に、これまではハードウェア中心であったのに対し、この時期からソフトウェアが非常に大きな存在となってくることが特徴的である。

（7）　マンガ・ゲームから実写の時代

　1995年以降は、アニメ・ゲーム及び実写のコンテンツを扱う店舗が登場してきた。1994年に「とらのあな」が開店、1996年には「K-BOOKS」、1997年には「アニメイト」が相次いで秋葉原に進出し、2002年には「まんだらけ同人館」も開店した。また、現在では多く見られるコスプレ系カフェもこの時期に始まった。1999年に開店した同名ゲームとのコラボレーションによるカフェ「Piaキャロレストラン」と同店の業態変更によるメイドカフェ「CURE MAID CAFE」が2001年に開店し、以降同様の店舗が増加することとなった。このように、この時代はコンテンツが中心となり、さらにカフェなどサービス業も増加するなど、かつてのハードウェア中心の分野とは大きく違う分野が増加することとなった。

（8）　一般化の時代

　そして秋葉原は2004年に入り、これまでの専門化から一転して一般的な店舗などの増加という、新たな段階を迎えることとなった。2004年にはドン・キホーテ秋葉原店が開店し、翌2005年にはアイドルグループAKB48及び常設の劇場であるAkihabara48劇場がオープンした。さらに、ヨドバシカメラが秋葉原に進出、2006年には再開発事業として「秋葉原UDXビル」並びに「ダイビル」が、2009年には日本通運本社跡地に展示会場等を併設したオフィスビル「ベルサール秋葉原」がオープンした。

9 新たな商業クラスタの発生と継続

　先行研究並びにこれまでにおいて説明した秋葉原の歴史、並びにそれらを図解した図5-3が示すように、秋葉原では歴史的に様々な分野の商業が発生しそれらが消えることなく何らかの形で残っている。このように、戦後から多くの商業クラスタが秋葉原を中心に誕生し、ほとんどは現在も生き残っている。かつての部品商の時代からメイドカフェ・アイドルに到るまで、これらは一見関連性がないものの、歴史的な関連性がある。部品商からラジオ・家電へという流れの他に、マイコン・PCへの流れも存在する。株式会社価値創造研究所（2007）は、BitINN東京ができた当時の日本電気について、「マイコン販売部は半導体部門に属しており『部品屋』が組立品を作ることはタブーとされていた」と述べている。また、パソコンからパソコンゲーム、そしてパソコンゲームのコラボレーションカフェからメイドカフェへなど、秋葉原で産まれた商業クラスタにはいずれも何らかの関連性がある。さらには、これまでに産まれた小売業を中心とした商業クラスタは、概ね現在も存在していることが秋葉原の特徴の一つである。これについて小山（2009b）は、「古い土壌の上に新しい地層が積み重なるように、秋葉原には過去から現在までの秋葉原を風靡した製品を売る店が残存している」と表現している[43]。このように、あるクラスタが増加し寡占的になることによって他のクラスタが消滅するといった事態はこの街では発生していない。闇市とそれにつながる部品商等から家電、パソコンやゲーム、さらにはアニメ・マンガやメイドカフェ・アダルト商品、アイドルなど、秋葉原の商業集積は歴史的に様々なクラスタが参入しており、これらを街として

---

(43)　同論文は同時に「製品ジャンルが成熟して一般化したら卒業」することを指摘しているが、これは完全に消滅するのではなく、主たる購買地が例えば郊外やターミナル駅付近のカメラ系量販店等に移行することを指している。

図5-3 秋葉原における戦後の商業クラスタの発生の流れ

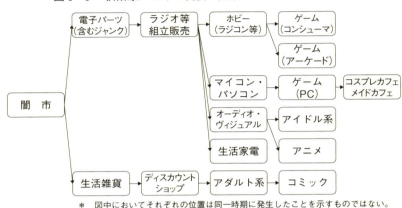

＊ 図中においてそれぞれの位置は同一時期に発生したことを示すものではない。

受け入れることで多様性を高め、かつ個々の高度に専門化することでより広域的な商業集積として成長している。

10　渋谷地域の概要

　渋谷は東京にある他の商業集積と同様に、第二次世界大戦によって焦土となった後に大規模な闇市として復興した。中林（2001）は当時の闇市での取扱品を「米、芋、うどん、すし、にぎりめし、全部ある。禁制の品である。海草の粉末使用の代用うどん、米の代わりにおからで作った鯨ベーコンのすし、メチール入りの粕取焼酎、燃料用アルコールの入った爆弾焼酎、粗悪なゴムを使用して澱粉のような粉を吹いたデンプン長靴。溝落としのタバコを拾い集めて再生した手巻煙草。そのためにピース、コロナの空き箱を拾い集める商売もあった。」[44]と記している。し

---

(44)　中林（2001），74頁。

かし、渋谷の闇市も他の地域と同じく、衛生面を理由としてGHQの指示により解体されることになる。

当時の状況について、渋谷駅前地域の地権者のA氏[45]は「当時はバラックでしたよ。みんなバラック。早い話がみんなバラック。焼け野原だったからね。」と述べた。

この闇市の撤廃は、衛生面や反社会的勢力の問題とは別に、権利者の確定すら難しい状態であった土地の権利関係を整理するきっかけの1つとなった。権利関係の整理は防災面や衛生面に加え、土地の有効活用という点でも当時の喫緊の課題の1つであった。防災面では、露天ないし木造の店舗は大変火災に弱く、これらが密集していることには高いリスクが存在した。また、上下水道の整備は衛生面での改善に重要な役割を果たすが、これは露天商中心の闇市では難しかったが、街区の整備による露天商の建物テナント化が進むことで導入が必要となった。これらの結果として2階建て程度の建物が立ち並び、かつての露天商はテナントとなり商業集積を形成することとなった。

これらの一時的な街区整備が行われたものの、渋谷地域の発展に加えて防災上の必要性から、渋谷駅周辺地域はさらなる変化を迫られることとなり、これは主に高層化という形で現れた。密集市街地であった渋谷は、床面積を増加させるための高層化と、防災面での安全性を図るための鉄筋コンクリート化などを迫られることとなる。

このため、渋谷駅前地域でもいくつかの再開発が行われることとなる。1950年には渋谷駅前整備計画が着工され、1957年には渋谷地下商店街が開業[46]した。1979年には道玄坂共同ビルが開店[47]した。また、帝都高速度交通営団（現：東京地下鉄株式会社）の渋谷電車庫跡地に再開発が行われ、渋谷マークシティが2000年に開業[48]した。渋谷周辺の大きな特徴は、東急百貨店ならびに旧白木屋という大規模小売店舗があり、公園

---

(45) 2011年11月26日にフィールドワークの一環としてインタビューを実施した。同氏は道玄坂共同ビルの地権者の1人である。
(46) 為国他（1990），296頁。
(47) 村松（2012），87頁。
(48) 村松（2012），193頁。

通り側に西武系列の大規模小売店舗やショッピングビルが点在するなど、比較的大資本による大店舗と再開発によって産まれた大店舗が混在している点である。

また近年にいたるまでこのような大規模小売店舗ならびに商業ビルは必ずしも駅前であることが商業的に有利であるとは言い切れず、渋谷においてもっとも裕福な層を対象とする東急百貨店本店は駅前ではないなど、多くが駅から離れた場所に立地していた。

フィールドワークにおいて実施した聞き取り調査の際、B氏[49]は当時のことを「43年に渋谷西武がオープンしましたね。その後48年か49年にパルコができました。それ以降、公園通りしか渋谷は街じゃなかった。新しい街ではなかった。道玄坂とか本店通りとかは寂れに寂れてた。東急としては、なんとか挽回しなきゃいかん」と述べた。当時、百貨店は18時閉店で週1日休業が求められるなど、強い規制の下にあった。

しかし、駅前が商業的に有利となるに伴い、中心が徐々に駅前に移っていくこととなった。これは多くの商業都市で見られる傾向であり、京都では、京都市における河原町、大阪市におけるなんば、名古屋市における栄などが例として挙げられる。近年この駅前地域における商業活性化は顕著であり、京都を別として大阪駅・名古屋駅・札幌駅などの主要駅周辺では大規模な商業的開発が行われ、中心地の移動が発生している。渋谷はこの移動が極めて初期に発生した地域の一つである。

11 道玄坂共同ビルの事例

その一例として、現在渋谷駅周辺に存在し、SHIBUYA 109という通称で知られている道玄坂共同ビル建設が挙げられる。同ビルの所在地域は恋文横丁周辺など、闇市の後2階建ての建物が多い商業集積となって

---

(49) 2011年12月7日に実施。同氏は道玄坂共同ビルの再開発において用地買収等を担当した。

いた。しかし木造では火災も多く、防災建築街区造成法（昭和36年法律第110号）の対象地域となっていた[50]ことから、再開発の必要性は喫緊の課題であった。

しかし、再開発は容易ではなかった。前述のＢ氏へのインタビューでは当時の渋谷駅前の状況を以下のように語った。

> 「露天商が中心で、戦後道路を占拠したり、それなりに活動してきたと。それが、飲兵衛横丁とか、渋谷地下街ね。あれは昭和30年前半だったと思うのですが、それができて露店商の整理を、オリンピックのついでの話ですが、そういうのも含めて町を整備しましょうということで、地下街ができたり、飲兵衛横丁に飲み屋街が集中したり。」

> 「大変ですよ。何十人、何百人ですね。土地所有者・借地権者・店子含めて100軒前後あったと思います。いわゆる昔の恋文横丁のあとの、マルクニマーケットが、そこを中心としてやっていましたね。なかには、大手のキリンさんのビアホールだとか、いろいろな方がいらっしゃいましたね。」

またここで述べられたマルクニマーケットとは、

> 「露店商を整理して、露店商の方たちをマーケット風に仕立てあげた。簡単に言うと高層化といっても二階建てのマルクニマーケットへＣ[51]さんが露天商をそこに集約、簡単にいうと賃貸をして、底地は別の方が持っていたんですが、Ｃさんがそういう形で借地権を設定したかどうかはともかく、現実の話として借地権があって、そこに店子がわーっといっぱいいたと。こういう話ですね。」

と説明した。

このような状況の中、同ビルは、東急グループ主導のプロジェクトとして進められ、1979年に地上8階地下2階の商業ビルとして開業した。この背景として、デベロッパーにとって渋谷駅周辺地域は公園通り地域

---

(50) ただし、道玄坂共同ビルは防災建築街区造成法による補助事業の対象ではない。

(51) インタビュー中は実名であったが、本論文中では仮名とする。

に続く魅力的な地域であったこと、地権者も高層化が産み出す床面積の増加は魅力的であったこと、そして防災上の必要性からいずれにせよ再開発が求められていたこと、の3点が重要であると考えられる。

その後、道玄坂共同ビルは「ファッションコミュニティー109」という通称で開業したが、当時は事実上の総合ショッピングセンターであり[52]、現在のように商材がヤングレディスアパレルには特化していなかった。また、百貨店業を対象とした大規模小売店舗に対する規制が厳しいため、百貨店としての運営ではなくテナントを入居させショッピングビルとしての運営となった。[53] しかし、高井（2012）において、株式会社ジャパンイマジネーション会長の木村達央氏が「渋谷にセクシーカジュアルの突風が吹く」[54]と表現したように、1996年頃から同ビル周辺の来訪者層が若年層の女性に変化した際、これに対応して現在のようなヤングアパレルの専門的ショッピングセンターへと変貌した。

12　渋谷のデベロッパー主導による開発の影響

道玄坂共同ビルにみられるデベロッパー中心の再開発事業はその後の商業集積の形成に大きな影響を与えることとなる。秋葉原などでみられる区分所有の方法の場合、各地権者がそれぞれテナントを探すこととなるため、個々の地権者の独立性が高い一方、ビル全体の一体性の保持、とりわけブランドイメージの形成が非常に難しい。秋葉原の場合、ラジオデパートやラジオセンター等の同様の再開発ビルは、闇市の時代から既に電子部品等に専門化されていたが故にほとんどのテナントが同様の商材を扱う店舗となった。しかし、前述の道玄坂共同ビルの場合は専門化されていない闇市からの発展による駅前地区に所在するビルであり、

（52）　A氏ならびにB氏へのインタビューで双方より言及された。
（53）　B氏へのインタビューで言及された。
（54）　高井（2012），27頁。

第5章 クリエイティブ産業に関する商業集積の形成過程　101

図5-4　道玄坂共同ビル（SHIBUYA 109）

筆者撮影　2013

　その時点でなんらかの方向性に特化したテナントを集めることは、個々の権利者がそれぞれ募集する場合には難しい。結果として、完成後の運営に大きく関与した東急グループがテナントの選定に強い影響力を発揮することで、その方向性を保ってきたと言える。そのため、同ビルの場合、強い主導権を持つステークホルダーの存在が商業集積に良い影響を与えたのではないかと考えられる。

13　結　語

　本章は、ファッション産業の代表的商業集積の1つである渋谷地域と、コンテンツ産業の代表的商業集積の1つである秋葉原地域の双方は、その発生が闇市であったという点で出自を同じくするものの、中小企業の集合が主導した秋葉原地域ではさまざまな業種が重層構造で存在しているのに対し、大企業中心の開発が行われた渋谷地域では、塗り替えられるかのように特定の業種が席巻している点を明らかにした。その結果として、渋谷地域では後に流行するヤングレディスアパレルが商材の中心となり、その移行はデベロッパーの元で大きな変化を遂げたのに対し、秋葉原では個々の地権者との契約であるため、これが重層構造的に残る結果となった。このため、秋葉原における店舗の多くが細分化した分野を個々の店舗が担う補完関係であるのに対し、渋谷では隣り合う店舗が競合することとなった。フィールドワークにおいても、渋谷のファッションビジネスの店舗においては「長い間隣の店主を知らないことが多い」ということも多く聞かれた。このように、補完関係にある商業集積と競争関係にある商業集積を本研究では明示した。

　近年は、中心的商業集積の主要駅付近への集約の動きがあり、地方都市を中心に多くの商業集積の中心的存在が駅ビルやその周辺に移行しつつある。本研究で取り上げた地域としては渋谷は早期に主要駅へ移動した商業集積であるのに対し、秋葉原はもちろんのこと、新宿や御徒町など当初から主要駅周辺に存在した商業集積も多い。今後、前述のように名古屋や札幌など、中心地が移動しつつある商業集積を比較するなど、商業集積の成長・衰退過程における移動の研究が求められる。

第6章

日本型クリエイティブ産業の起業環境
分業と協業体制

1　はじめに

　創造が新たな中心的価値を産むクリエイティブ産業において、起業はこれらの価値を市場に投入する源泉となりうる。制作能力を持つクリエイターが、大企業を離れ独立することもしばしば見受けられる。しかし、これらの起業環境は、PC ゲームと渋谷系では共通点がありつつも大きく異る部分が存在する。本章においては、PC ゲーム産業を中心として、これらを渋谷系と対比させる形で検討する。

2　日本の PC ゲーム市場

　本章では、秋葉原を市場の中心とする PC ゲーム産業に焦点をあて、同産業は個々の投資が大規模ではなく、個々の専門職の分業・協業体制が整備されており、組織がアドホックに成立していることから新規参入が容易であることを明らかにすることで、揺籃地においての地理的な近接と、それが産み出す横の交流が重要であることを明らかにする。
　日本の PC ゲーム市場は、小山（2006）が指摘した国内ゲーム産業の

発展プロセスの特殊性も相まって、世界的に見てかなり特殊な市場を形成している。2009年度版デジタルゲーム白書によると、2008年度の家庭用ゲーム機向けのパッケージゲームの市場規模が3980億円であるのに対し、PCパッケージゲーム（ネットゲームのスタートキットなどを含む）の市場規模はその約10分の1程度の424億円となっている。

その中で、R18ゲーム（日本におけるゲームのレーティングを担当する団体の1つである一般社団法人コンピュータソフトウェア倫理機構が定義する成人向けゲームソフトの呼称である。これらは性的な表現や暴力的な表現等を含んでいるため18歳以上への販売が推奨されている。）が約300億円を占め、中でも「ノベルゲーム」と呼ばれるジャンルのゲームが大半を占める（各所へのヒアリングなどによる。現在、R18ゲームのみに関する市場規模や実売本数などのデータは公開されていない。数少ない資料として、コンピュータソフトウェア倫理機構が警察庁主催の勉強会で提出した資料がある。）。

市場規模としては家庭用ゲーム機向けゲームの10％程度しかないにも関わらず、年間数百の新作ノベルゲームが生まれてくる。市場に登場するタイトルからは、家庭用ゲーム機に移植される作品や、マンガ化、小説化、TVアニメ化さらには劇場アニメ化された作品も生まれてくる。

加えて、シナリオ担当者が小説家（主にライトノベル作家）としてデビューするケースもある。ただし最近の出版不況はライトノベル市場にも及んでおり、完全に作家専業へ移行せずにゲームシナリオと兼業の人も多い。また、ゲームのシナリオライターからキャリアをスタートし、ライトノベル作家を経て一般向け小説家となり、日本では著名な小説家に与えられる直木賞を受賞した作家も存在する。

また、ゲームのイラストレーターが商業ポスターやライトノベルの挿絵を担当するなど、「より多くの人に触れるメジャーなメディア／ビジネスユニットが大規模なメディア」に作品や人材を供給する「上流」としての機能[55]をもっている。

---

(55) 本章の研究については、小山他（2015）によりPCノベルゲーム産業に注目した詳細な研究がある。しかし、本章はコンテンツ産業としてのPCゲーム産業とファッション産業との比較を主眼としている点で相違している。

そのため、PCゲーム産業、特にその中で中心となっているノベルゲーム開発は日本のコンテンツ産業内で重要な位置を占めているが、その全体像については、七邊（2010）を除くと研究がほとんど無い。そのため、本章では現在の日本PCゲーム産業の中心を占めるノベルゲームがどのように生み出されているのかについて、プロセスおよびビジネスモデルについて議論する。

3　ノベルゲームとは

ノベルゲームは、制作コストの面では小説・マンガといった「低コストコンテンツ」とアニメ・他ジャンルの家庭用ゲームといった「高コストコンテンツ」の中間（1本あたり3000万円程度）に位置する。他のコンテンツと比べたとき、大規模かつ実験的な作品を比較的安価に生み出せることが製品特性上の最大の特徴となっている。以下、ノベルゲームについて基本的な特徴を述べ、他のゲームジャンルとの違い、他メディア作品との違いを議論する。

（1）　ノベルゲームの構成要素と市場規模

七邊（2010）は、ノベルゲームを構成する要素として、「CG上、もしくは画面下ウィンドウに表示される文章」、「フル画面サイズのCG」、「キャラクターの立ち絵」、「キャラクターの心情や物語の展開に合わせたBGMや効果音」、「画面エフェクト」、「提示される選択肢からキャラクターの行動を選ぶことで、物語が枝分かれするマルチシナリオ」、「それへの入力により物語が進行するインターフェイス」の7点をあげている。

コンピュータゲームのジャンルのうち、ノベルゲームは、広義にはアドベンチャーゲームに分類される。しかし、一般のアドベンチャーゲームがゲーム中の各場面で頻繁にコマンドを選択し、「謎を解く」、「冒険を勧める」ことがゲームの面白さのコアとなるのに対して、ノベルゲー

ムはゲーム中に選択する回数が少なく、画面上で展開されるストーリーを鑑賞する、という側面が強い。

端的に言えば、「選択肢によって複数に分岐する、挿絵と音響効果がある（マルチメディア）小説」とでも言うべきものがノベルゲームである。上記の特徴にあるように、自分でボタンを押すことで文章が数行進む、と言うミニマムのインタラクティブ性があることが、「ゲーム」であることを主張もしくは保証している。

（2） 他ジャンル・他メディアと比したときのノベルゲームの特徴

アクションやRPGなどの他のゲームジャンルや、マンガやアニメなどの他のコンテンツメディアとの比較の視点でノベルゲームを見た場合、以下の特徴があることがわかる。

第1に、プログラマが必ずしも必要でないことが挙げられる。「画面全体のCG＋文章」という画面レイアウトと、「プレイヤーがボタンを押す（クリックする）と物語が数行進む」というゲームシステムの組合せは、ゲームを動作させるエンジンプログラムさえ外部から調達することが出来れば、プログラマが居なくてもゲーム開発を可能とする。実際、商業利用でも無料のゲームエンジン、ライセンス料を払うことで利用可能なノベルゲーム用のゲームエンジンは複数存在しているだけでなく、幾つかのパブリッシャー（後述）も自社系列のデベロッパーが利用可能なゲームエンジンを提供している。このように、クリエイター（主にシナリオライター）がシナリオにスクリプトを追記するだけでゲームが作れるため、ノベルゲーム制作の敷居は低い。

第2に少人数制作および低コストが可能であることが挙げられる。ビジネス面でのノベルゲームの最大の特徴は、短期間かつ低コストで開発できることにある。開発期間は1年未満〜1年半程度までのことがおおく、開発に深く関わるのは5〜6名という小規模であるため、人件費の総額はそれだけ少なくなる。また、開発に関わるメンバーの中で開発を行うデベロッパーに所属するメンバーはごく少数（最小の場合、ディレクター兼プロデューサー1名）であり、作業を業務請負による外注に依頼することが多いため、人件費はさらに少なくなる。常勤者の人件費も低

表6-1 コンテンツ別ボリューム・制作費及び参入難易度

	提供ユニットあたりボリューム	制作費	制作への敷居（参入の難易度）
小説（ライトノベル）	中（1冊＝200頁）	ほぼゼロ～数百万	低い
マンガ	雑誌：20頁 単行本：200頁	ほぼゼロ～数百万	低い
ノベルゲーム	大（小説数冊）	2～3000万	中程度
TVアニメ	小	1500万／話 2億弱（1クール）	高い（実質的に企業のみ）
他ジャンルの家庭用ゲーム	大（ノベルゲームと同程度）	数億	高い（実質的に企業のみ）

いケースが多く、家庭用ゲーム企業に関する数少ないキャリア調査に藤原（2010）があるが、その中にある20代の平均年収（約335万円）に届かないケースがほとんどである。

　ノベルゲームがこれだけ短期間・低コストで開発可能なのは、他のゲームジャンルでは必須の作業の幾つかが存在しないことも大きい。例えば、ほとんどのゲームに存在する、レベルデザイン（難易度調整作業）が不要なだけでなく、キャラクターが画面上を動き回る他ジャンルのゲームと比べた場合、デバッグの手間は極端に少ない。

　第3に巨大なボリュームがある物語を、1本のパッケージに収めることができる。本なら1冊、映像ならDVDやBD1枚、ゲームなら1本、というコンテンツの「販売単位」あたりでのボリューム（ここでのボリュームは、「消費者が一通り作品を享受するまでにかかる時間」とする。プレイヤーが飽きずに最後までプレイした場合、パッケージ版のゲームにかかる時間の目安は20時間である。）を考えたとき、ゲームが販売単位あたりのコンテンツのボリュームが最も大きい。そのため、制作者は力量さえあれば、他のメディアでは提供することが難しいような長編の物語や巨大な世界観を、続きを買ってもらう心配なく提供することが可能である。最近のノベルゲームで「相場」として言われるラインは一般的な小説約7冊分

に相当する2MB程度であるが、大規模な開発の作品では4MBを超える場合もある。

4　ノベルゲーム開発の行われ方

(1)　チーム構成

基本的な開発規模だと、フルタイムで開発に関わる人間は5名程度である。5名の担当は、シナリオ1名、原画2名、グラフィッカー2名程度が標準である。フルタイムで開発に関わるメンバー全員が開発会社のメンバーとは限らず、請負契約で外注するケースも多い。ここで「原画」とは、「登場人物や背景などの基本となる絵を描く担当者」を指す。原画の描く絵は通常は線画のみで、彩色はされていない。グラフィッカーとは、「実際の製品版の画面に出る状態になるよう原画に彩色をする作業の担当者」をいう。また、BGMや各種効果音などゲーム中のサウンドは専門性が高いため、他の職種が兼任できるスキルを持っている特別の場合以外は専門家への外注がほとんどである。加えて、家庭用ゲームにある管理部門の専門化が進んでおらず、進捗管理はシナリオもしくは原画担当者が兼任するケースが多い。

(2)　流通と一体化したパブリッシャー、パブリッシャーに系列化されつつあるデベロッパー

ノベルゲームは小人数で素早く開発できるのが利点であるが、小規模であるために販売活動に人的リソースを裂く余裕が無いケースが多い。そのため、デベロッパーがパブリッシャーとディストリビューターを兼務している企業に営業代行と販売委託を行なうケースが多い。

パブリッシャーは雑誌やweb媒体への情報提供から全国に約300店舗存在するPCゲームを扱う小売店への営業活動から出荷までを担当する。そういった流通面の機能に加えて、パブリッシャーは自社からゲームを発売するデベロッパーに対して数多くの機能（開発資金の提供、開発の進

捗管理、繁忙期にずれがあるデベロッパー間での人材の融通、ゲームエンジンの提供）を提供している。

5　参入が容易な PC ゲーム市場

これまでに述べてきたように、日本の PC ゲーム産業では、ソフトウェアの開発・販売に関わる人材の多くが社外に発注されており、開発会社が担うことが求められる役割は全体のマネジメントなど極めて限定的である。このような環境は、分業・協業体制が業界全体で確立しているからこそ成立しているといえる。そのようなことから、クリエイティブ産業にも関わらず、新たにこの市場へ参入することが容易な市場である。

6　渋谷系ファッション産業との比較

日本の PC ゲーム産業と同様、渋谷系ファッション産業においてもその多くの業務は社外に発注されている。商品の企画・製作・生産など、販売以外の部分のほとんどは外部に委託され、渋谷系ファッション産業を扱う企業が手放すことのない工程は販売ならびにこれを情報のアンテナとして活用するブランド全体のマネジメント等に限られる。渋谷系においては第 4 章で扱ったように、どのような商品が市場に求められているのかを調査する機能、ならびにこれらの看板としての販売員・読者モデルやプロデューサーなどは可能な限り社内で抱えるとしても、商品の市場への投入についてはその多くを外部に委託できる。しかし、PC ゲーム産業と大きく違う点が存在する。第 1 は店舗の問題である。PC ゲーム産業にとって、販売店舗は他社であり、版元や自社による営業の対象であるが、渋谷系においては販売店は原則として社内である。そのため、新規に起業した場合はこれらの店舗が必要となり、渋谷地域にこれらを

賃借する必要がある。ただし渋谷系の文化の中心であるSHIBUYA 109は、空き区画が出ることはほとんどなく、既存の出店者や権利者との調整が必要である。第2は商品供給のライフサイクルである。コンテンツの開発に必要な資金を集め、1年程度を開発期間とし発売するPCゲームに対し、渋谷系は最短2週間のサイクルであり、資本回転率は全く異なる。第3は商品の形状が引き起こす違いである。いまやダウンロード販売などの形態もあるゲームに比べ、アパレル商品は実物を複製生産する必要がある。またゲームと比較し、その生産コストは販売価格に比較して高額と言わざるを得ない。このように、渋谷系はPCゲームと比較して、起業と市場への参入は障壁が高いという違いを有する。ただし、ファッション産業全体に広げると、「マンションアパレル」などと呼ばれる、マンションの1室で企画から生産までを行っている小規模な形態も存在し、これらは成長とともに生産工程の外部委託割合を増加してゆくことができる。このような形態は原宿を中心に、現在でも多くが存在する。渋谷系という枠組みがより幅広く広がることとなれば、このような規模の企業が参入してくることは十分に有り得る。

　また、今後の課題としてメディアへの対応を研究する必要がある。PCゲーム産業にせよ渋谷系にせよ、雑誌やwebなどさまざまな媒体が存在し、経営にあたってはこれらを宣伝として活用するためのナレッジが求められる。しかし、読者モデルやストリートスナップまでを活用する渋谷系などのファッション産業と比べ、PCゲームにおいては純広告や紹介記事などの企画広告、攻略記事など、よりメディア戦略の策定が容易であると考えられるメディア・コンテンツが中心である。しかし、これらは外形的にしか明らかでなく、さらなる研究が求められる。

第3部

クリエイティブ産業を支える制度
教育と政策

　第3部では、第2部で分析した日本型クリエイティブ産業を支える制度として、教育制度と行政制度の2点に着眼し、少量多品種生産でありそのサイクルも早い日本型クリエイティブ産業に対し、教育や行政は少なくともこれに対応した制度ではなかった、もしくは変化することができなかったことを明らかにする。

　第7章では、ファッション分野における大学教育を事例として、実務家が教育に参画することが重要であると認識されつつも、米国・イタリアなど海外の事例に比較して日本では多くの規制があることを説明する。

　第8章では、コンテンツ産業に関わる行政組織として、経済産業省と総務省の担当部局における人的資源の増減を分析し、組織の新設がなされているという点で、変化がないということはできないが、これらが柔軟には行われていないことを指摘する。

第7章

クリエイティブ産業における教育
ファッション産業における実務家等の関与を中心に

1　はじめに

　ファッションやコンテンツなどのクリエイティブ産業における、専門的能力はこれまでに述べたファッション産業やコンテンツ産業において、必ずしも全員に求められているものではないが、これらのビジネスにおいて重要な要素である。そのため、本章はこれらの産業システムを支える制度の1つとして、ファッション産業における教育を概観し、コンテンツ産業と比較することでこれらの担う役割と問題点を明らかにする。

　出口 (2009c) はクリエイティブ産業における人材育成について、漫画家を事例として「学校という近代のシステムにマンガや絵物語はなじまなかった」と指摘[56]している。「物語を構想する能力と、それを文字と絵の混淆で表現する能力の両方が必要とされる、きわめて総合力の高い表現領域」であるにも関わらず、これまで教育機関の影響力は限られた力しか持たなかった。

　ファッション産業、あるいはゲーム産業においてもこの傾向は明らか

---

[56]　出口 (2009), 312頁。

である。モードではない、ストリート・ファッション中心の渋谷系やPCゲーム産業などにおいて、これらの付加価値を担う人材は必ずしもこれらに関連した教育を受けた人材ではなく、むしろ全く経験がないか、創作能力とは別の関連教育のみを受ける場合が中心的である。しかし、本章は、これらの関連教育は、価値創造の中心を担うことはなくても、副次的な効果を産むことは可能であるという立場である。ただし、副次的であるからこそ、第3部で取り扱うべき内容であるとも言える。例えば、渋谷系においてはアパレル製作に必要な能力は必ずしも必要ではないが、一方でこれらが活用されるべき余地がないとまでは言えない。また、コンテンツ産業などにおけるゲームであれば、プログラミングやソフトウェアの操作に関する知識は、中核的な価値創造のための能力ではないにせよ、業界への参入や工程管理等において発揮されうる能力である。

そのため、本章においては、主にモードが中心とはなるものの、日本のファッション産業における教育機関の役割を、実務家の関与を中心として海外と比較することで、これらの能力を向上させるための教育システムの現状と問題点を明らかにするものである。

2　大学教育における実務家教員の参加

大学教育において、実務家の教育への関与が求められる事例は多い。これらは主に卒業後スムーズに就業を可能にすることを主な目的とするキャリア教育の必要性から行われているケースが多い。文部科学省は高度専門職業人育成を目的とする専門職大学院において、設置にあたり実務家教員を一定割合配置することを設置の要件としており、これは法曹（弁護士・裁判官・検事）を養成する法科大学院では20％以上、教員養成を目的とした教職大学院では40％、その他の専門職大学院では30％以上という基準を設けている[57]。このような事例に限らず、大学教育に実務家が参加する事例はキャリア教育が大学教育におけるアジェンダとし

て明確化される以前から実施されており、概ね非常勤講師や客員教授等の職名で教育を担当していた。例として、東京大学大学院情報学環[58]では教育部等でメディア関連の実務家を非常勤講師に任じ教育を担当している。また、京都大学大学院法学研究科[59]では、1998年より附属施設として法政実務交流センター[60]を設置し、行政機関等における実務家を客員教授等に任じて教育を担当している[61]。このような例はどの大学においても少なからずあり、実務家の参加はこれまでも実施されていたが、近年との差異はこれらが推奨され明確化されてきた点にある。

一方で、教育経験が乏しい実務家教員が教育に関する能力に疑問を持たれるケースがあることも事実であり、必ずしも増加することが直ちに善であるという状態ではなく、適正なバランスが求められている。

妹尾(2007b)は、学術研究者としての教員を「自身の研究リソースを教育コンテンツに展開する学術知基盤型教員」と定義した上で、実務家としての知を主たる教育リソースとする実務家教員を実務知基盤型教員と定義し、「知の世界の変容と多様化に伴って実務家の知(実務知)が求められること」・「社会人教育の進展に伴って実務家を教育に引き込む必要性が高まること」・「大学改革や経営の変化に伴って現実的に実務家教員が求められていること」の3点から実務家教員の必要性を整理している。

---

(57) 文部科学省専門職大学院室(2009)。
(58) http://www.iii.u-tokyo.ac.jp/
(59) http://kyodai.jp/index.html
(60) 同センターは行政官を中心とした外部の実務家を教育に参加させることを目的としている。詳細は http://kyodai.jp/fuzokushisetsu/f_top.html を参照のこと。
(61) 京都大学大学院法学研究科(2009)。

3 実務家が関与する専門的な能力開発

　ある学生が自らの能力開発を考える際、完全な自己流によって能力の向上を図ることは非常に少ない。それは努力が能力の向上に結びつくかが確実ではなく、また他者からの評価も得られるかがわからないという問題を持つためである。そのため、教科書等の教材を参考にするか、大学・専門学校その他の教育機関による一定のメソッドに沿った教育プログラムの受講を選択することが一般的である。このことから、能力開発には、適切な教材や教育プログラムの存在が非常に重要であることがわかる。

　また能力開発の方向性を定める際に、能力の向上に必要な教材や教育プログラムが整備されている分野の能力を向上させようというインセンティブが働く。能力開発に当たっては、「整備された道」を進む方が容易であることは明らかである。

　このように、ある能力の向上のための教材や教育プログラムの開発は、未開発の時点では顕在化していない需要を顕在化させ、学習者を増加させる効果を持つ。教育提供機関は顕在化した需要を元に学生募集等を実施するため、潜在的な需要が多い分野ほど拡大路線を進めることができる。昨今多くの大学で、学生のニーズが見込まれる分野の学科等が一緒に設立される現象は、このようなプロセスを経ていると考えられる。

　このように、現在ではあらゆる分野において教育機関が多種多様な教育プログラムを、出版社が多くの教材を提供しており、能力開発の機会は非常に多い。しかし、多くの教材や教育プログラムは、一般的に求められる専門的能力を向上させるものが多く、専門性が高まるにつれて選択肢が狭まるケースや、OJTという手段でしか能力開発が図れないケースに直面することになる。

　教育環境が未整備であり、OJT等の手段以外では能力開発を図ることが難しい高度の専門性を持つ分野において、教材や教育プログラムを

整備するには、業界団体や職能団体などその分野でのプロフェッショナルが集まる団体のより強い協力は不可欠である。その分野の多くの専門家や団体が関与することで、その分野で汎用性の高い能力を向上させることが可能となる。また、社会的にもより信頼性の高い教材・教育プログラムとなる可能性が高い。専門分野における業界団体や職能団体は社会的にも一定の評価を得ており、新しくその能力を開発したい学生等にとって団体の関与は内容や社会的評価が一定の水準を超えていることを推定させる。結果的に、業界・職能団体による能力開発のための教材・教育プログラムへの関与はプラスの効果を持つ。そのため、多くの業界団体・職能団体は、その団体を構成する企業の従業員や個人の能力開発についても大きな関心を持ち、実際に能力開発への関与を行っている。

4　実務家・業界団体等の教育機関の設立

　実務家が教育プログラムに参加するケースより一歩進んで、業界団体や職能団体自体が教育機関を設立するケースもある。これは、卒業生を受け入れる側としては、職業人として必要な知識をかなりの度合いで教育プログラムに組み込むことが期待できる。
　ファッションの分野を例にすると、イタリアのポリモーダは業界団体等の出資により設立されており、教育内容の評価以外にもイタリアでの徒弟制の崩壊以後の技能の伝承等に大きな役割を担っていると言われる。日本においても、ファッションビジネスを主な教育内容とするIFIビジネススクールを運営する財団法人ファッション産業人材育成機構は、ファッション関連産業からの出捐で設立されている。IFIビジネススクールは学位課程ではないが、業界からのニーズがあり、高い評価を得られる教育課程として多くの学生を得ている。

5 ファッション教育における実務家の参画

　ファッション教育の世界においては、当初より実務家の参画が非常に多い。これは、教育内容が「洋裁」・「和裁」などと表現されてきたように、極めて実務的な内容が多いと考えられてきたこともあるが、第1に、教育の主体が大学ではなく専門学校・専修学校を主体に行われてきた影響が強いことが考えられる。

　日本の代表的なファッションに関する教育機関である文化服装学院の学院長（当時）であった大沼淳は、大沼（1997）[62]において、教育界において科学技術中心の近代化が行われてきた一方で、歴史的・社会的・文化的といった要素を担うソフト的教育が欠落していたこと、特にファッション教育において、日本の繊維産業は優れた生産システムや高分子化学などによる繊維・布・染色段階での科学技術力に裏打ちされており、大学教育もこれらを支える人材を供給してきた一方で、衣服のデザインについては大学教育としての関心は低く、特に国公立大学では女性の役目としての家政学が中心であり、この分野の教育は結果的に専修学校が主に担っていたことを指摘している。また、これからは社会科学とファッションを関連させた研究が高まると述べていることから、当時はそのような研究はまだ行われていなかったことがわかる。

　しかし、ファッション教育が大学中心ではなく専修学校中心であったことは、逆に多くの実務家を教育に参画させることが容易であったことを示している。それは、必要な専任教員割合が50％以上と低く設定され、かつ教員資格も、「専修学校の専門課程を修了した後、学校、専修学校、各種学校、研究所、病院、工場等（以下「学校、研究所等」という。）においてその担当する教育に関する教育、研究又は技術に関する業務に

---

[62] 大沼（1997）、172頁。

従事した者であつて、当該専門課程の修業年限と当該業務に従事した期間とを通算して6年以上となる者」等、大学に比べて緩やかであることによる[63]。

また、専修学校が教育の主体である以上、優秀な人材も相当数が専修学校の卒業生であり、大学卒業者・大学院修了者を教員構成の中心とする大学教育に移行するためには相応の困難が予想され、現在においてもファッションデザイン教育は専修学校が中心であるが、結果的にこれは実務家教員の参加を促進させていると考えられる。

以降、いくつかの教育機関を事例として、ファッション教育における実務家の参画について検討する。

6　海外教育機関の事例

(1)　各国のファッション教育機関

本節では、代表的なファッション教育機関を紹介し、それぞれの実務家の関与について明らかな範囲で考察する。

ファッション教育の国際的評価としては、アントワープ王立芸術アカデミー[64]（Academie Royale des Beaux-Arts d'Anvers / Royal Academy of Fine Arts Antwerp : Antwerp）、パーソンズ・スクールオブデザイン[65]（Par-

---

(63)　専修学校設置基準（昭和51年文部省令第2号）第17条及び18条を参照のこと。

(64)　同校は1663年に設立された、欧州で最も有名な芸術アカデミーであり、1963年にファッション学科が設立された。教員は12〜13人と小規模であり、卒業生が多い。卒業に至るまでの競争が厳しいことでも有名であり、1年次に入学した約60名のうち、4年次まで進学できる学生は15人程度、実際に卒業する学生はさらに絞られるのが通例である。さらに同校では他のファッション教育の学校と違い、縫製やパターンなどの能力は要求されないが、何らかの形で協力者を見つけ、それらを実施することが必要である。(http://www.artesis.be/academie/)

(65)　http://www.parsons.edu/

図7-1 Persons校舎と周辺風景

(C) The New School

sons the New School for Design : Parsons)、セントラル・セントマーチンズ・カレッジ オブ アート アンド デザイン[66]（The London Institute Central Saint Martins College of Art and Design）が世界三大校と呼ばれている。これは主に優秀なデザイナーを養成しているという点での評価である。本節では、専任教員が中心ではなく、実務家との接点が多いと考えられる数校を事例として扱う。

(2) アメリカ・パーソンズの事例
① パーソンズの概要

　パーソンズ・スクールオブデザインは The New School が構成する8つの大学の1つであり、1896年に創立され、アメリカで最初にファッションデザインやインテリアデザインの教育を始めた、特にデザイン教育に重点が置かれた老舗の教育機関である。現在ではニューヨークの中心と

---

[66] 同校はイギリスでもっとも有名なファッションデザインのための教育機関として有名である。チュートリアルによる教育が実施されており、学士課程修了後約10％の学生が修士課程に進むことができる。（http://www.csm.arts.ac.uk/）

も言えるミッドタウンを中心に、学士課程・大学院修士課程の他、準学士課程（Associate in Applied Science）と生涯教育課程によって、ファッションやインテリア、建築、イラストレーション、写真、コミュニケーションデザインなどのコースが提供されている。約3,600名の学生が在籍しており、約4割が海外からの留学生である。マーク・ジェイコブス（MARC JACOBS[67]）、アナ・スイ（ANNA SUI[68]）、トム・フォード（Tom Ford[69]）、ダナ・キャラン（DONNA KARAN[70]）などが著名な卒業生である[71]。

② パーソンズにおけるファッション教育

2009年2月9日にパーソンズを訪問し、マシュー・キャバレロ（Matthew J.Caballero）学長補佐に同校でのファッション教育に関するヒアリングを行った。インタビュー内容は以下の通り。

> パーソンズは創立時には狭い意味での芸術教育・ファッション教育を行っていた。その後より広い分野を対象とし、現在はインテリアなどに関する教育も実施している。デザイン教育に重点を置いていることから、即戦力を目指した教育をすることに関しては学内でも議論があり、現在では、準学士課程と修士課程において専門的な

---

[67] Marc Jacobsはニューヨーク生まれのファッションデザイナーであり、パーソンズの首席卒業者である。1986年からMARC Jacobsとしてコレクションを開始。（http://www.marcjacobs.com/）
[68] Anna Suiはパーソンズ卒業後、1991年にANNA SUIブランドにて初のコレクションを開始。（http://www.annasui.com/）
[69] Tom Fordはパーソンズを経てGUCCIのレディス部門のデザインを担当後、クリエイティブディレクターを経験、現在は自身のブランドTOM FORDを展開している。（http://www.tomford.com/）
[70] Donna Karanはパーソンズ卒業後、Anne Kleinのアシスタントを経て自身のブランドDONNA KARAN及びセカンドラインであるDKNYを展開している。（http://www.donnakaran.com/）
[71] PARSONS（2008）.

能力を持つ即戦力を養成する教育を行っている。約10年前は教員のほとんどが非常勤であったが、現在では専任教員比率が高まり、約2割が専任教員である。社会に出た多くの卒業生が、非常勤の教員として実務家の視点から教育に携わることが多く、学校としては産業界で求められている教育上のニーズがわかるという点で大きなフィードバックが行われている。ただし、アメリカの伝統的な刺繍など、現在では中国・ブラジルなどの外国での生産が主流となっている分野については、技能教育が可能な教員の確保が難しく、大きな課題となっている。

　日本や他の地域への関心という点では、ファッション教育は国際的であることが必要であると考えており、どの地域にどのようなニーズがあるかを広い視野で常に把握する必要がある。現在では、情報へのアクセスは非常に容易であり、文化やモノの流れが一極集中ではなく多くの中継地へ分散している。パーソンズは商業・経済の中心であるニューヨークという、21世紀におけるこの偉大な都市に安住するのではなく、このすばらしい立地を活かしてゆきたいと考えている。他の地域では、特にデザインに関して多くの需要と供給がある東京は重要な地域であると考えている。現在パーソンズでは、バンタンデザイン研究所の協力のもと実施している日本での準学士課程進学コース（AASプログラムと呼ばれ、デザイン教育の未経験者に対して教育を実施する職種転換を目的とするプログラムであり、受講生は大卒者が中心である。）など実践的な取り組みを行っており、これは教育において同じ目的を共有していることから可能となったと考えている。もちろん、まだ具体的な段階ではないが、他にも新たな価値を産み出す選択肢を検討しており、市場を見ながら判断したいと考えている。

　また、今後教育に関して拡大を見込んでいる分野は大学院教育である。例えば、現在大学院については修士課程のみであるが、今後は博士課程の設置なども視野に入れている。また、デザインをコンセプトと捉えた方向からの研究や、アート・デザインに関するマネジメントなどの領域についても非常に関心がある。特にマネジメン

トに関しては、これまでの組織経営という視点だけではなく、デザインによるマーケットの牽引や新しいマーケットの開拓が可能となる教育を行いたい。このようなケースの成功例としては、ipodなどが良い事例の1つとして挙げられるであろう。日本とアメリカのファッション産業は、製造業的な悩みを抱えているという点で共通している。これを打破するには、例えばデザイナー集団がマーケットを先導することが必要であろう。これには社会的な関心が必要であり、また教育機関としては、新しいフィールドを産み出す人材をたくさん養成する必要がある。

③ パーソンズにおける実務家教育

海外のファッション教育機関を調査した、独立行政法人中小企業基盤整備機構(2009)[72]によると、ファッションデザインコース(Fashion Design: BFA)では、4人のカリキュラムコーディネーターの役割を担う4人のフルタイムスタッフ以外は全て非常勤講師であるとのことである。

(3) アメリカ、FITの事例

ニューヨーク州立大学ファッション工科大学(Fashion Institute of Technology, State University of New York : FIT)は、1944年に設立された比較的新しい大学である。MIT(マサチューセッツ工科大学)のような専門大学にしたいという由来でFITという学校名になった。ニューヨーク市内にあり、パーソンズと並び称されるが、パーソンズがデザイナー寄りであるのに対し、FITはファッション産業寄りであると言われている。ファッションデザインの他、アクセサリーやインテリア、ジュエリー、写真など、関連する多くの学科を持ち、2008年度には4,649名の準学士課程学生、3,057名の学士課程学生と211名の修士課程学生を擁している。なお、同校は準学士課程修了後学士課程に進学するシステムとなっているため、ここで示す学士課程学生は、3-4年次のみである。

---

[72] 独立行政法人中小基盤整備機構(2009), 9頁。

第7章　クリエイティブ産業における教育　123

図7-2　FIT校舎

筆者撮影

　教員は266名が常勤教員、730名が非常勤講師となっており、他校と同様非常勤講師の比率が高い[73]。
　卒業生としてはカルバン・クライン（Calvin Klein[74]）、マイケル・コース（Michael Kors[75]）等を輩出している。

(4)　イタリア・ポリモーダ POLIMODA の事例

　岡本（1997）によれば、イタリアのファッション産業では、かつて伝統的に徒弟制度によって人材養成が行われてきた。当時、教育訓練期間中の徒弟には賃金を支払わないことが通常であった。しかし、1970年代の労使対立により労働者が多くの権利を獲得したことから生じた徒弟制度の崩壊によって、技能伝承のシステムは機能しなくなった。そのため、繊維産地では大学や高校の誘致やそれらとの提携の他、地域の工業組合

---

(73)　FIT (2008), p. 80.
(74)　Calvin Klein は FIT を卒業後自身のブランド Calvin Klein を展開。現在はデザイナーを引退している。http://www.calvinklein.com/
(75)　Michael Kors は FIT 卒業後、レディスラインを展開、セリーヌのクリエイティブディレクター等も経験。（http://www.michaelkors.com/）

や自治体などが出資する学校などが技能伝承を担っているケースが増加した[76]。

イタリアにおいてファッション・靴及びアクセサリーのデザインとマーケティングに関する教育を行うポリモーダ[77]は1986年、フィレンツェ市・プラト市などの自治体や業界団体等の出資とニューヨーク州立ファッション工科大学により設置された。同校はファッションデザイン・製作・販売及びマーケティングの専門コースを提供している世界有数のファッションに関する教育機関であり、進学前教育としての1年間の準備課程、約2～3年の学士課程、6カ月の修士課程を擁す他、社会人再教育プログラムを提供している。教員数は約150人である。

7　日本におけるファッション教育への業界団体・実務家の参加

(1)　国内におけるファッション教育

日本には多くのファッション教育機関がある。前述のようにその多くは専門学校・大学であるが、バンタンデザイン研究所のように、大学・専門学校という、規制の多い大学・専門学校等の形態を選択しないことで、より多くの業界の実務家が講義・実習を担当できる体制を選択するケースもある。そのような多様なケース全てを挙げることは難しいため、ここでは大学卒業レベルに絞り、代表的な2つの機関を事例として挙げる。

(2)　財団法人ファッション産業人材育成機構の事例
①　財団法人ファッション産業人材育成機構の概要

業界団体が人材養成に関わるケースはもちろんイタリアに留まるもの

---

(76)　岡本（1997），9-19頁。
(77)　http://www.polimoda.com/

でもなく、もちろん日本においてもこのようなケースは存在する。例として、ファッション産業における業界団体による人材養成のケースとして、財団法人ファッション産業人材育成機構[78]（Institute for the Fashion Industries：IFI）による取組みを紹介する。IFIは、ファッション産業の中核となる人材の育成を目指して、通商産業省、地方自治体及びファッション産業に関する企業及び団体の総意により、1992年に設立されたファッション産業における人材養成機関である。理事等には、ファッション産業に関係する企業の経営者等が就任している。

IFIは、3つの事業を行っている。その第1は教育・研修であり、実学中心のハイレベルな教育によるファッションビジネスの企業における幹部候補生の育成を目的としている。特に、グローバルな視野を持ち、ファッションのあらゆる分野に精通した人材の育成を目指している。第2は調査・研究であり、ファッション・ビジネスに関わる生活文化全般をカバーする領域において、個別の企業や業種を超えた、ファッション・ビジネスの組織、構造に関わる問題に重点を置き、事業活動の観点から研究成果が評価できるような活動を行っている。そして、ファッション・ビジネスが抱える課題を抽出する課題設定機能、産業政策や戦略立案を支援するための提言を行う政策主張機能、政策や戦略の実現のため、意図を投影する場としてのネットワークづくりを行う人的・情報交流機能の3点を担うことを目的としている。第3は情報の収集と提供であり、ファッション・ビジネスに関する広範な情報を収集することでファッション・データバンクとしての機能を担うこと、人材育成に関する幅広い情報の収集とノウハウの蓄積を行うことを目的としている。

② **教育・研修事業としてのIFIビジネススクールの概要**

教育・研修事業は、1994年からプレスクールの形で実験講座を開設し、1998年には事業部門としてのIFIビジネス・スクールが正式に開校した。初代理事長の山中鏆氏は、同校の目的を「日本のファッション産業に真に役立つ人材の育成」であると説き、「理屈や学問を教えるのではなく、

---

[78] http://www.ifi.or.jp/

実際のビジネスを体で覚える『実学』の精神を徹底させる」ことを教育理念に掲げた。このように「実学」がIFIの教育理念となっている。

　IFIビジネススクールは3つのプログラムを持つ。その第1は基幹プログラムである。ファッションビジネスに関する全体的なマネジメントに関する人材養成として、企業のトップ・マネジメントを対象とし重要な経営課題を事例中心に学ぶエグゼクティブ・コース、企業の幹部または幹部候補生を対象とし新しい時代に対応する総合的な経営の視点とマネジメントの考え方／実践について習得するマネジメント・コース、ファッション産業界の将来のリーダーを目指す若手を対象とし広い分野にわたり総合的なファッション・ビジネスについての基本知識／理論を体系的に学ぶマスター・コースがある。また、マーチャンダイザーやバイヤーなどの専門的職種を希望するビジネスパーソンに対し育成するプロフェッショナル・コースがある。

　その他、時代の変化・業界のニーズに合わせた多様な講座を実施する特別プログラムや、個別の企業や団体のニーズに対応したカスタムメード・プログラムがある。特別プログラムはいわゆる短期研修であり、カスタムメード・プログラムは企業内研修の一部として利用されている他、大学によるファッション産業に関する講義として取り入れられている。

　これらの教育プログラムでは多くの業界内のプロフェッショナルによる講義が実施されており、実学的な教育に基づいて技能や能力の向上が図られている。

③　財団法人としての教育機関

　IFIビジネススクールは、学校教育法による大学・専門学校等ではない。財団法人による教育機関であり、学士・修士等の学位を得られる課程を提供しているわけではない。しかし、ファッション産業に勤務する企業人が同校による教育を受けることを選択している。

　この選択には受講生が企業派遣であることも挙げられるが、今後のキャリアプランに大きくプラスになる能力の向上が得られ、業界の支援を得て設立された人材養成機関による能力開発が、業界内では高い評価を得られることもわかる。学校法人としての規制がないことから、常に実務家を教員として教育を行うことができることから常にニーズに合っ

た内容とすることができる一方で、評価の維持には常に新しいニーズを把握することが必要である。

（3） 学校法人文化学園が設置する文化ファッション大学院大学の事例
① 学校法人文化学園の概要

学校法人文化学園[79]は、1919年に設立された婦人子供服裁縫教授所を前身とし、1923年に創立された。主にファッション教育のための大学・短期大学・専門学校等を運営しており、文化学園大学（旧：文化女子大学）・文化ファッション大学院大学・文化服装学院・文化外国語専門学校などを設置している。この分野では最大規模の、日本の中心的存在であり指導的な役割も果たしている教育機関であり、多くの人材が同学園の設置校の出身者である。

② 文化ファッション大学院大学の事例

文化ファッション大学院大学[80]（BFGU）は、2006年に開設された、ファッション分野の専門職大学院である。ファッション教育の側からの実務家の参加による大学院大学であり、一般的に文化学園大学大学院が文化学園大学の卒業生を主な出身と想定できることに対し、BFGUは文化服装学院の卒業生を主たる出身として想定していることが思慮される。

BFGUは2年課程のファッションビジネス研究科としてファッションマネジメント専攻の他ファッションクリエイション専攻を持ち、それぞれファッションクリエイション修士（専門職）・ファッションマネジメント修士（専門職）の学位を授与、ファッションデザイン・テクノロジーに関する教育を実施しており、デザイナーを養成する視点も強い。山本耀司（yoji yamamoto[81]）、田山淳朗（ATSURO TAYAMA）、コシ

---

(79) http://www.bunka.ac.jp/
(80) http://bfgu-bunka.ac.jp/
(81) 山本耀司氏は慶應義塾大学・文化服装学院を経て1977年東京コレクションへデビュー。日本を代表するファッションデザイナーの1人である。（http://www.yohjiyamamoto.co.jp/）

ノジュンコ（Junko Koshino[82]）、コシノヒロコ（HIROKO KOSHINO[83]）などのデザイナーを初めとした実務家を客員教授に迎えており、文化女子大学の教員等も非常勤講師として教育を担当している。

また、前述した文化服装学院・文化女子大学等文化学園の姉妹校であり、キャンパス内での設備等の相互利用が可能であることから、より多くのリソースを使用することができる。

③　専門職大学院としての教育

BFGUは学校教育法上の教育機関であり、学位も授与されることから、外形的にも「履歴書に記載できる」教育歴として、そうではない教育機関に比べて優位な状況にある。教育機関としても、ファッションにかかわる人材の多くを文化学園が養成していることもあり、業界の認知や評価も高いことが想定される。ただし、これは企業が社員を教育機関に派遣する際に常に問題になる点であるが、2年間かつフルタイムという期間が企業側にとって長く感じられてしまう傾向があるため、その対策には検討が必要であると思慮される。

（4）　企業研修としての側面に求められるファッション教育

前述したIFIとBFGUは、双方ともに実務家が大きく関与する教育であるという点では競合関係にあるものの、学生や教育内容についてはかなりの部分で棲み分けができていると言って良い。IFIが企業研修の一環として、1年の長期コースを除き主に在職のままの短期間の研修が中心であるのに対し、BFGUは2年間であり、企業派遣としての国内留学や休職・退職による進学が中心となると考えられる。

しかし、ファッション産業に携わる企業人にとって、OJT以外に他社の実務家や大学教員から学ぶチャンスがより多く提供されていることは、能力開発のきっかけとしてはより良い環境である。

（82）　コシノヒロコ氏は文化服装学院卒業後、デザイナーとして活躍している。（http://www.hirokokoshino.com/）
（83）　コシノジュンコ氏は文化服装学院在学中に装苑賞を受賞、ファッションデザイナーとして活躍している。（http://www.koshinojunko.net/）

(5) これからの人材養成と実務家の関与

これまで述べてきたことからも明らかなように、海外・国内を問わずファッション教育を実施する多くの大学では実務家を教育に参加させている。IFIビジネススクール名誉学長の尾原蓉子氏は、「本人の意欲と意志」、「優れた教育の場」及び「能力と成果を厳しく評価しそれに磨きをかける実践の場（職場）」が、人が育ち、達成感あるキャリアを全うする三要素であるとしている。このような要素を備えるためには、業界、そして業界内の実務家との連携が不可欠である。これからの人材養成は実学を強く意識した内容となることが求められると考えられるが、そのためには業界団体・職能団体の関与が不可欠である。

ファッションビジネスについては、前述のIFIがファッション産業に関する大学での講義を主に総合大学において実施することを支援する取組みを行っており、多くのファッションビジネスに関する実務家が講義を実施する橋渡しを行っている。まだ実務を経験していない学生に対しても、実学の一端に触れることは、非常に良い経験となるであろう。

日本では、規制があるために実務家が講義をすることへの制約は大きい。しかし、ファッションのような海外と競合する分野においては、海外の高い実績をあげる同種の大学等と同様の環境を国内でも得られるようにする施策が必要である。

8 コンテンツ産業における教育との比較

これまでに述べたファッション産業と同様、コンテンツ産業においても多くの実務家が教育機関において教育に携わっている。出口（2009c）はマンガ分野について「現在では京都精華大学、大阪芸術大学のようにマンガ学科を持った高等教育機関も出現し、それなりの影響を与えている」[84]と指摘する。この事例と同様、ゲーム・アニメーションなどの分

---

(84) 出口（2009），311頁．

野においても高等教育機関での教育が行われている。その他専門学校等においても同じ分野の教育が行われており、これらは競合関係にある。そしてこれらの教育機関では実務家が教員や外部の人材として関与し、実製作に近い分野の教育が行われることが多く、製作に必要な能力を向上させることは可能である。このようなコンテンツ産業における教育とファッション産業全般における教育との共通点は、実製作のための能力の向上を高めることが主眼であるということである。一方で、ファッションは一点ものであるモードに近い教育であるのに対し、コンテンツは大衆文化を産み出すことを目的にしている[85]ケースが圧倒的に多い。このように、副次的な能力の向上が、渋谷系ないしコンテンツ産業の価値創造にどの程度影響を与えるかについては、さらなる研究の余地がある。

---

(85) ただし、東京藝術大学大学院映像研究科アニメーション専攻は芸術としてのアニメーションを扱っており、これらコンテンツにおける教育のすべてが大衆文化を指向しているとは言えない。

第8章

共管競合する政策領域における行政組織の行動
コンテンツ産業を中心に

1 行政組織が産業組織に与える影響

　産業政策を担う行政組織は様々な分野を扱っており、ファッションやコンテンツ産業もこれらの対象である。しかし、ある産業分野に対応した1つの組織が存在するのではなく、複数の行政組織が機能別に対応するケースが一般的である。例えばファッション産業に対応する経済産業省の組織であれば、クリエイティブ産業の一領域という方向性から生活文化創造産業課（通称：クリエイティブ産業課）、繊維産業の一部分という方向性では繊維課、そしてその多くを占める中小企業という点においては中小企業庁と分散している。その他、文化面や観光など、他省庁にまたがる可能性を有する。このような特性は、コンテンツ産業においても同様である。

　本章ではコンテンツ産業に関わる行政組織として、経済産業省と総務省の担当部局における人的資源の増減を分析し、産業の変化に対し、行政組織がどのように変化するかを明らかにすることで、行政組織とそれに関わる制度の柔軟性を明らかにする。

　このような行政組織と産業との関連性は、産業の構造分析と同様、重要であることも明らかである。比較的レッセ・フェールである日本型クリエイティブ産業においても、行政の規制や補助事業などは数多く存在

する。本章では人的資源を検討することで、産業の実態に対する行政の対応としての組織変化に着目する。

2　共管競合する政策領域と先行研究

　これまで政策領域と考えられてこなかった産業・分野がなんらかの理由で急に脚光を浴びるなどの理由により注目が集まった際、複数の行政組織がそれぞれの立場から政策的なアプローチを試みる事例は多い。このように共管競合する分野においては、しばしば重複した施策が行われたり、いわゆる縄張り争いが行われる場合もある。今村（2006）は、これまでの行政における共管競合する分野に関する先行研究において「わが国の中央政府における行政官僚制では、省庁間でのそれがことのほか激しく、共管競合する分野での行政を損なっているのみならず、国益や行政の公共性をも脅かしている」など、セクショナリズムが代表的な行政官僚制の病理であると扱われてきたことを指摘している。しかし同論文はこれを病理と捉えるのではなく、組織間の紛争の発生は組織生理に根差した現象であり、これを許容しマネジメントすることによってより良い政策論議へと導くことを提言している。本章も原則としてこの立場に立つものである。本章の扱う領域であるコンテンツ産業は、より広い区分として情報通信政策の一部と捉えられることが多く、同分野については高橋（2009）が局単位で詳細な比較を行っている。本章は、よりミクロな政策分野において課・係単位でこれらが成立することを明らかにする。

　また、本章において題材としたコンテンツ産業政策については多くの研究があり、代表的な研究として中村（2006）・境（2007）・金（2007）・河島（2009）・田中（2009）などが挙げられる。中村（2006）は、通信・放送の融合による流通改革と表現者の能力の底上げという方向性を持つコンテンツ産業政策において、将来的に主要な対象分野がポップカルチャー中心になる可能性があることを指摘している。境（2007）は日本

政府並びに地方団体におけるコンテンツ産業政策に関する役割分担を概説し、コンテンツ産業政策が十分に調整された政策体系ではないことを指摘した。金（2007）は、英国・フランス・米国並びに韓国のコンテンツ政策について概説し、政策的な関与の最も低い米国、積極的な振興を行う英国・フランス、国家戦略産業に指定し専門官庁も創設した韓国など、国家によって政策重点目標となるか否かに大きな違いがあることを指摘した。河島（2009）はコンテンツに関する政策的関与が、芸術に対する福祉行政的な文化政策から、経済に貢献する産業政策へと移行しつつあることを指摘し、これらは都市再生と関連付けられていることを指摘した。田中（2009）はコンテンツに関する政策的研究が、これまでハイアートに属するものと商業ベースのものとに大別されてきたことを指摘した上で、創造都市論など創造性という第3の観点からの研究が存在し、市場と政府という二極化した枠組みではないことを指摘した。本章は、これらでは扱われなかった、コンテンツ産業政策における省庁間の競合について扱うことで、同分野での新たな知見を示すことを狙うものである。

3　共管競合する政策領域における行政の行動

（1）　官僚制と行動様式の整理

　Weber（1921）は、官僚制を合法的支配の1つとして位置付けた。また、官僚制を封建的主従を前提とする家産官僚制と官吏がその自由意思に基づく契約によって任命されている近代官僚制に区別し、後者は明確な官職階層性の中で明確な官職権限を持つなど、純粋かつ合理的な官僚制であるとした。Selznick（1949）は官僚制内の分業化・専門化により官僚が官僚制全体の利益より下位組織の目的を重視する「下位目標の内面化」と呼ばれる現象が発生すること、また複数の下位組織の間に利害対立が生まれコンフリクトが発生することで官僚制全体の目標達成が阻害されることを指摘している。官僚制に関する研究としてDowns（1967）

は、官僚の行動は合理的であり、公共の利益より自己利益を追求するとしている。ただしここでの自己利益は純粋な自己利益と利他的利益を含んでいるとし、立身出世的人間・保守的人間と、情熱的人間・提唱的人間・政治家的人間の5類型がありそれぞれが排他的であるとした。このように官僚制は、合理的であると同時に逆機能としての非効率性・保守性や下位組織間のコンフリクトを内包する。

(2) 分担管理が産むセクショナリズムとコンフリクト

本項では分担管理された官職権限とそれが産むセクショナリズムとコンフリクトについて説明する。

議院内閣制においては各省の所掌事務はその主任の大臣が分担管理するという「分担管理の原則」により運営されており、下位組織においても明確な官職階層性の中で明確な官職権限による分担が行われていることが一般的である。日本においてもこの原則は適用されており、国務大臣が行政府を構成する各省の大臣を兼任している。

しかしこのような分担管理の下では、各省庁の自律性が高まることも指摘されている。日本においてもこのような状況が発生し、「局あって省なし」・「省あって国なし」という表現[86]が良く使われている。村松(1994)は、このような日本の行政官僚制を「官僚制の実態は、一枚岩的なbureaucracyではなくbureaucraciesである」と表現している。このような状況に対する説明として、Selznick (1949)は官僚制内の分業化・専門化による下位目的の内面化が、複数の下位組織の間に利害対立を産みコンフリクトが発生することを指摘した。Downs (1967) は、行政機関の管轄する政策領域の関係を、ある行政機関から見て独占的に権限を持つ「核心体」、支配的な権限を持っているが他の行政機関も一定の影響力を持つ「内界域」、多くの行政機関が影響力を持つが支配的な存在がない「無人帯」、一定の権限を持つが他の行政機関が支配的な権限を持っている「周辺帯」に分類している(図8-1)。そして、各行政

---

[86] 本来この表現は大蔵省についての言葉であったが、現在は他省庁を扱う際にも多く使われている。

図8-1　行政機関の管轄する政策領域の競合

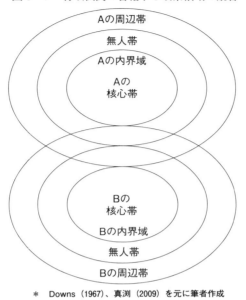

＊　Downs（1967）、真渕（2009）を元に筆者作成

機関は存続のため権限や管轄を拡大しようと闘争していると述べている。また、Niskanen（1971）は民間企業の経営者が利潤を極大化するのと同様に、官僚は自分の属する行政機関の予算を極大化する行動様式があることを指摘している。真渕（2009）はこのような行動様式について、予算の増加が官僚にとって組織の拡大、ポストの増加につながり自らの昇任機会が高まる可能性がある点を指摘している。一方で、日本の行政組織におけるルールとして、Nakamura（2012）が示すように日本の行政官庁のキャリアの間では同一年次同一昇進が行われているなど、昇任機会には一定のルールがある。

このように、官僚制において、一般に各行政機関及びその下位組織は権限と予算の拡大を求める傾向にあり、その過程では闘争の発生がありうることが提示される。本章ではこれらの行動に必要なリソースとしての人員、具体的には定員管理上の定員数に着目する。

(3) 先行研究で扱われた共管競合する分野の整理

今村 (2006) は日本における共管競合する政策分野について、2省庁間の事例として第1次・第2次 VAN 戦争[87]、3省庁以上が関与する事例として環境アセスメント法制化[88]と容器包装リサイクル法制化[89]を代表的な事例として挙げている。この中で第1次 VAN（Value-Added Network：付加価値通信網）戦争は、1981年に郵政大臣の私的諮問委員会である電気通信政策懇談会による電気通信分野の民間参入検討を受けて、公衆電気通信法の所管官庁である郵政省が同法の改正に併せて「付加価値データ伝送業務」を電気通信事業としてこれを規制する法律の制定を求めたことに対し、情報処理事業を所管する経済産業省が自由化の視点から反対し、最終的には法案提出に至らなかった事例である。第2次 VAN 戦争は第1次 VAN 戦争から2年後の1983年に始まった、第二種電気通信事業の法制化を巡る抗争である。NTT 等の電気通信設備を所有して電気通信サービスを提供する第一種事業者から設備の提供を受けて電気通信サービスを提供する第二種事業者に関し、規制を主張する郵政省と自由化を主張する通商産業省の対立であり、特に全国サービスを展開する特別第二種事業者の扱いが焦点となった。この決着は、政治や米国の抗争への参入を経て、政治決着により郵政省の意向に近い方向性で着地した。このような抗争に発展した理由として、今村 (2006) は、「電気通信と情報処理の融合化が既に歴然としていたにも関わらず、省庁組織における縦割りの所管編成がそれにマッチしたものではなかった」点を述べている。これは、郵政省にとって電気通信事業が核心体に近い内界域であり情報処理事業は周辺域であるのに対し、通商産業省は逆に情報処理事業は内界域で電気通信事業が周辺域であったことによる。

環境アセスメント法制化は、公共事業等の実施に当たり環境アセスメントの実施を規定するもので、関係する省庁は主管官庁の環境庁と関係6省庁（国土省・農林水産省・通産省・運輸省・建設省・自治省）である。

---

(87) VAN 戦争に関する文献としては、川北 (1985) 等を参照のこと。
(88) 環境アセスメント法制化については、川名 (1995) 等を参照のこと。
(89) 容器包装リサイクル法制化については寄本 (1998) 等を参照のこと。

環境分野はそもそも無人帯であった。しかし、1971年7月に環境分野の総合調整官庁として環境庁が誕生し、環境分野は同庁の内界域となった。

上記の事例では、共管競合は当初から生じているのではなく、新しい政策的アプローチの設定や、所管分野の融合が事後的に生じたことによって生まれている。VAN戦争の事例では周辺域から内界域方向へ移動できるチャンスには抗争を厭わない姿勢であった。これは、コンピュータ関連業界という新しい業界に対して規制等の形で影響力を持つことについて、従前に分担して影響力を行使していた郵政省・経済産業省の双方が関心を持ち、より積極的に関与したことでコンフリクトが発生したものである。

(4) 行政における共管・競合

官僚制における下位組織としての各行政機関には縦割り的に所管分野が設定されているものの重複があるため、複数の組織間の領域となっている分野では競合やコンフリクトが発生する。この競合・コンフリクトには、VAN戦争の事例のように新たな所管領域を広げるための競合と、環境アセスメント法、容器包装リサイクル法の事例のように所管分野に他組織による新たな義務が課される場合にこれを回避するためのコンフリクトがあった。しかし、行政にはこのような競合・コンフリクトの発生が明らかな事例以外に、もっと多くの競合・コンフリクトがあることが想定される。このような前提を踏まえ、次節においてコンテンツ分野における通商産業省・経済産業省と総務省との競合について検討を行う。

コンテンツ産業を事例として選択した理由は以下の通りである。例えば書籍は紙で印刷されたものが主な流通手段であったが、現在ではインターネット等の電気通信による配信による電子書籍が普及しつつあり、中村（2006）が示すように流通が大きく変容している。ここで、果たしてコンテンツとは、ネットワークで流通するモノであるのか、それとも文化産業が産み出すモノなのか、という点が曖昧になり、結果として行政上の所管が曖昧になる現象が発生する。これは、前述のVAN戦争において、例えばコンピュータ関連産業が、情報処理産業か情報通信産業

かという点で曖昧になった点と相似している。コンピュータは、かつてそれ自体を利用しデータの移動はフロッピーディスクなどを利用していたが、現在はネットワークによる送受信が主体であり、もはやコンピュータにとってインターネット等のネットワークへの接続は特殊な事例を除き必須ともいえる。このような変容が、現在コンテンツ産業でも発生しており、前述の電子書籍の他、例えばゲームではオンラインゲームが増加し、テレビアニメをテレビ局による放送とほぼ時を同じくして配信するなどのことも行われている。このような変容が発生しているコンテンツ産業は、かつてのVAN戦争と同じ、新たな競合と共管が産まれる余地があると考えている。

4　コンテンツに関する領域への関与と競合

（1）　仮説及び調査方法の提示

ある政策領域に隣接または重複する2つの下位組織がある場合、Selznick（1949）の定義により、官僚制全体でコンテンツ政策領域に関与する枠組みを形成するインセンティブより、換言すると「官僚制全体の利益」より、下位組織がそれぞれの政策領域として所管するインセンティブが強くなる「下位目標の内面化」が発生し、その上で、両組織間の間に利害対立が生まれる。この利害対立について、Downs（1967）の定義による無人帯か周辺帯である政策領域を、より強く関与するために内界域もしくは核心体へと変える方向性で行動する際には、競争に参加するために、所掌事務として明記する他、関心の低い他の分野よりもより多くの人的資源・予算などのリソースを投入するのではないか、ということが本章の仮説である。この仮説を検証するため、本章では対象となる政策領域について、所掌事務の記載及び人的資源としての担当課に配置されている係長相当職以上の配置職員数の変遷を経年で分析する。これらは少数であるが、行政機関において大幅な組織定員の変更が大きな組織内アジェンダであることから、その増減は重要な指数であることを理

由とする。なお、これらの資源配分に関する研究においては予算を比較することも方法として考えられる。しかし、これらは予算が政策別に明確に区分されていない場合には適用が難しい。特にコンテンツ産業政策の場合、例えば中小企業振興の一環で支出されるなど、事前・事後にどれだけ財政上の投入があったかを判断することはできないため、このような政策では方法として選択できない。

（2） 所掌事務からの検討
① コンテンツ政策の関与官庁

本章では、調査の対象となる政策領域として、コンテンツ分野全体の領域をコンテンツ政策領域、産業政策に力点のある政策領域をコンテンツ産業政策領域、文化政策に力点のある政策をコンテンツ文化政策領域と定義とする。コンテンツ産業政策領域・コンテンツ文化政策領域はコンテンツ政策領域に含まれるが、その境界は必ずしも明確ではない。

コンテンツに関する定義は「コンテンツの創造、保護及び活用の促進に関する法律」（平成16年6月4日法律第81号）によると、以下の通りである。

> 映画、音楽、演劇、文芸、写真、漫画、アニメーション、コンピュータゲームその他の文字、図形、色彩、音声、動作若しくは映像若しくはこれらを組み合わせたもの又はこれらに係る情報を電子計算機を介して提供するためのプログラム（電子計算機に対する指令であって、一の結果を得ることができるように組み合わせたものをいう。）であって、人間の創造的活動により生み出されるもののうち、教養又は娯楽の範囲に属するもの

コンテンツ産業政策領域は、経済産業省及びその前身組織としての通商産業省、総務省とコンテンツ政策領域を過去に扱っていた前身組織の1つ郵政省の2省が主に産業政策の視点から所管しており、他の省庁も周辺帯として一定の関与がある。また調整組織として内閣に設置された知的財産戦略本部とその事務局として内閣官房の知的財産推進事務局が存在している。また、隣接する政策領域として、文部科学省が外局の文

化庁において文化政策の観点から所管しているが、これは主に著作権とメディア芸術の1つとしての芸術文化振興に留まり、産業政策という政策領域からのアプローチとしては遠い。このように各省はコンテンツ産業を政策領域としている。しかし、局レベルでコンテンツ政策を担当する組織は存在しないため核心帯としての領域はないと言って良いであろう。そのため、ほとんどの領域は内界域、無人帯や周辺帯であると考えられる。その中で各省は関与を強めたい分野を内界域や核心帯にするべく行動する。本章では、より共管競合する分野に焦点をあてることから、このうち主に産業分野を扱う経済産業省と総務省を扱う。

② **経済産業省**

経済産業省の前身組織である通商産業省では、従来より文化用品課を設置し、所掌事務は次の通り[90]であった。当時は、レコードやおもちゃ[91]など、現在のコンテンツを構成する品が並んでいるものの関係しない内容も多かった。

> 運動用具、文房具、楽器、レコード。おもちゃ。喫煙具、装身具、かさ。皮革、皮革製品、タンニン、にかわ、ゼラチン。はきもの。かばん、袋物。包装材料、包装。

1997年の改組により生活産業局に設置された[92]文化関連産業課では、運動用具、楽器などが含まれているものの、レコード・おもちゃ・映画産業等、現在のコンテンツと定義されているものにより絞られている。

> 運動用具、楽器、レコード。おもちゃ。映画産業。生涯学習振興法

---

(90) 1996年時点での行政機構図に掲載された所掌事務を引用した。また所掌事務については職員録にも掲載されている。よって、以降について、特筆のない場合は行政機構図に掲載されたものを参考としているが、2000年以降については行政機構図での掲載が終了したため、職員録に掲載された内容を引用している。
(91) ここでは玩具全般を指しているが、テレビゲームが含まれると解される。
(92) 2001年の中央省庁等再編により商務情報政策局内となる。

の施行。民間事業者の能力の活用による特定施設の整備の促進に関する臨時措置法の施行（デザインに関するものに限る。）。

中央省庁等改革基本法（平成10年6月12日法律第103号）を受けて実施された中央省庁等再編により、同省が通商産業省から名称変更と内部機構の整理により商務情報政策局内に文化情報関連産業課が設置され、ここでは所管事項のほとんどがいわゆるコンテンツ産業となっている。

　情報処理の促進に関する事務のうち、符号、音響、影像その他の情報の収集、制作、保管の促進。
　情報処理の促進に関する事務のうち、ゲーム用ソフトウェア。
　映画産業その他の映像産業の発達、改善、調整。
　印刷業、製本業の発達、改善、調整。
　レコードその他情報記録物に関するもの。
　広告代理業の発達、改善、調整。
　サービス業の発達、改善、調整。

このように、経済産業においてコンテンツ産業政策領域は徐々に明確化されてゆき、文化情報関連産業課の設立によって一応の完成を見たといえる。

③　総　務　省

総務省は、2001年の中央省庁等再編において情報通信政策局に設置された情報通信政策課において、「作品」という文言が追加され、ここでコンテンツへの関与が明確となった。しかし、政策課は総括課としての機能を持っていることから依然として他の所管事項も多く、まだコンテンツに集中しているというよりも、所管事項の1つという扱いであった。

　国際放送その他の本邦と外国との間の情報の電磁的流通の促進。
　放送番組その他の電磁的方法により流通させることを目的とした音響、映像等の情報により構成される作品の収集、制作、保管の促進。
　情報の電磁的流通における情報の安全の確保。情報の電磁的流通の

円滑化のための制度の整備その他の環境の整備。
新事業創出促進法の施行。
基盤技術研究円滑化法第5条の2第1項に規定する基本方針の策定。
通信・放送機構の組織、運営一般・同機構の行う基盤技術研究円滑化法第47条の2に規定する業務。
基盤技術研究促進センターの組織、運営一般

しかし、2008年に同局内に新たに情報通信作品振興課が設置され、ここで担当課としてのコンテンツに関する所管事項が明確化された。

情報通信作品の収集、制作、保管の促進。
情報通信作品にかかる情報の電磁的流通の円滑化のための制度の整備その他の環境の整備。

このように、総務省においては中央省庁再編後に政策課としてコンテンツが所管事項となり、2008年の情報通信作品振興課として明確化された。

④ 両省の比較

両省の設置状況を比較すると経済産業省の方が早いものの、コンテンツ産業政策領域への関与が明確化されるのは中央省庁再編を契機としている。これは、通常の官僚制はWeber（1896）の指摘する「破壊困難な社会現象」であるため、行政組織の自己変革自体も難しく、このような機会を契機として必要な組織改編に取り組んだことが表れている。そして、それぞれの課の設置後、所掌事務の変更はどちらもほとんどない[93]ことから、また新たな組織変更は難しくなっていることが示唆される。

また、各省が「コンテンツ産業」として捉えている領域は必ずしも一致しない。経済産業省が産業の視点からかなり包括的に指定している一方で、総務省は「情報通信」というキーワードに関係することが必要と

---

(93) 担当している法律の改正、独立行政法人等の改廃以外の変更はなかった。

第 8 章　共管競合する政策領域における行政組織の行動　143

表 8-1　コンテンツ産業政策領域担当課の変遷

	経済産業省 (旧通商産業省)	総務省
1996年度	文化用品課 (通商産業省)	—
1997-2000年度	文化関連産業課 (通商産業省)	—
2001-2007年度	文化情報関連産業課	情報通信政策課
2008-2009年度	文化情報関連産業課	情報通信作品振興課

＊　行政機構図より著者作成

いう点で制約が大きい。ただし、現在においてはこれまで紙媒体であったものがデジタル化されるなど、コンテンツと表現される大半のジャンルが電子化可能であり、電子化された作品は情報通信に乗せることが可能である。また、演劇等も映像を配信する対象として捉えれば政策領域の中とも説明が可能である。このように、結果的にはほとんど差異のない政策領域となることが予想される。

5　人的リソースからの検討

（1）　人的リソース

　本項では、コンテンツ産業政策領域を担当する経済産業省の文化情報関連産業課と総務省の情報通信政策課及び情報通信作品振興課に関し、係長相当職以上の人員配置を事例として、組織の構成及び各省定員や局の定員との比較等の分析を行うことで、両省のコンテンツ産業政策領域への関与の度合いを考察する。

　各省定員及び課内の組織構成及び人員については財務省印刷局が発行する『職員録』を利用し、各局の定員については行政管理研究センター発行の『行政機構図』を使用する。これらの資料は、発行年の前年の特

定の時点（6月1日が多い）での状況であるため、以下に述べる時点は、それぞれ次年度版として発行された資料を用いている。

なお、中央官庁における課の構成員は、狭義には課長及び課長級分掌職である企画官等、各課が所管する政策分野の責任者たる課長補佐（これらはインフォーマルに「班長」と称されることも多い。また、ここには法令・総括等を担当するという形で、実質的に課内全体の業務を総括する課長補佐を含む）及びスタッフ職としての専門官、個別政策の責任者である係長及び係長相当職（専門官等の官職として発令される場合もある）、一般職員であり、これらはいわゆる省庁定員に含まれる国家公務員である。また、広義の構成員としては定員外職員たる事務補佐員（主に業務の補佐を担当する）等の国家公務員並びに研修員等の形で派遣されている地方公務員や民間企業社員等が含まれる。

また、本章において係長相当職以上を今回の分析の対象範囲とした理由は以下の通りである。第1に公的に発行される公務員の人事に関する情報は官報への掲載があるが前述の広義の構成員については困難であることであるため、これらについては分析の対象外とした。また一般に非管理職である一般職員は膨大に存在し、その人事異動の把握は数量的に現実的ではないため、こちらも対象外とした。しかし、係長相当職以上については、前述の職員録に掲載されることから、ある時点における複数の部局の比較を行う際にもっとも適したデータであり、本章においては広義の構成員並びに一般職員を除外しても有意な分析となるとの判断である。

(2) 経済産業省

本項では通商産業省生活産業局に設置された文化関連産業課及び経済産業省商務情報政策局に設置された文化情報関連産業課の係長相当職以上の人員構成を検討する。

文化関連産業課では、課長の下に総括班（庶務係・総括係）、企画調整班（企画係・調整係）、商品班（商品係、）文化産業振興班（文化振興係）の4班6係及び課付、生涯学習振興室長の下に調整班（調整係）、振興班（振興係）の2班2係と、合計6班8係が設置された。設置当初の人

員数は1997年には19名だが併任を除くと実質7名であり、この体制は中央省庁再編まで続いた。

中央省庁再編を経て経済産業省商務情報政策局に設置された文化情報関連産業課においては、課長の下6人の課長補佐とサービス政策専門官、新映像産業専門職、サービス産業指導専門職及び課付の他、企画係、産業活性化係、映像産業係、音楽産業係、ゲーム産業係、知的財産係、国際係、技術係、資金係、印刷製本係、広告出版係の11係体制となった。この組織変更では、生涯学習振興室がサービス産業課へ移動したこと、機能別でなく業種別の係体制となった。設置当初の人員数は2001年には21名だが併任を除く（併任は主たる官職が別途存在した上で同課にも配属されているスタッフである。）と実質13名であり、この人員は概ね現在も同じ規模で継続している。

（3）　総　務　省

本項では、中央省庁再編後に総務省情報通信政策局に設置された情報通信政策課及び2008年に情報流通行政局に設置された情報通信作品振興課の係長相当職以上の人員構成を検討する。

中央省庁再編を経て総務省情報通信政策局に設置された情報通信政策課は、課長の下、統括補佐・課長補佐及び主査の他、企画係・調査係・振興係の3係及びコンテンツ流通促進室長の下に課長補佐及び主査の他、コンテンツ企画係・放送ソフト振興係が設置された。

その後、2003年に統括補佐職が廃止され、2004年度には情報セキュリティ対策室及びその下に課長補佐・主査及び推進係・調整係が、2005年度には新事業支援推進官及びアーカイブ推進係が設置された。

2007年の総務省内の組織再編を経て情報通信政策課は情報流通行政局内に設置され、いくつかの課に分かれた。総括課としての役割や新事業支援推進官は引き続き情報通信政策課に、情報通信作品振興分野及び情報セキュリティ対策室は同局に新設された情報通信作品政策課へと引き継がれた。

情報通信作品振興課は課長の下、企画係長及び流通技術係の2係及び情報セキュリティ対策室長の下に課長補佐・主査の他、推進係・調整

係・国際協力係・対策係・国際政策係が設置された。

2008年には情報セキュリティ対策室が情報通信政策課の新事業支援推進官と共に同局内の情報流通振興課に移り、情報通信作品振興課は課長の下、アイピーテレビ調整官・課長補佐の他、企画係の1係のみの体制となった。

（4） 両省の比較

本項では、2001年以後の中央省庁再編後の経済産業省・総務省におけるコンテンツ産業政策領域の担当組織に関し、主に人的リソースの面から比較検討する。

経済産業省は文化情報関連産業課としてコンテンツ産業政策領域を担当しており、係長相当職以上の定員は当初21名、うち併任8名となっており、徐々に定員が減り2009年には同15名。うち併任1名とポスト数ベースでは削減されているが、一方で配置されている人員数の増減はわずかである。

一方、総務省は2006年まで情報通信政策課においてコンテンツ産業政策を扱っていたが、2008年の情報通信作品振興課の設置、さらには情報セキュリティ推進室の情報流通振興課への移管を経て、現在では係長相当職以上の職員は4名、うち併任1名と非常に小規模となっている。しかし、情報通信政策課設立時、併任を除く12名のうちコンテンツ流通促進室は4名であったこと、同課が政策課であったことを考慮すると実際に携わる人員数は現在もほぼ変わらない可能性がある。

このように、人的リソースにおいても所掌事務と同様、通常の官僚制はWeber（1896）の指摘する「破壊困難な社会現象」であることが考えうる一方で、中央省庁等再編などのチャンスを活かした組織変革でコンテンツ産業政策領域を担当する部門が設置され定員が割かれていることが明らかとなった。

次に、各省全体及び局単位の人員数との比較を行う。図8-2ならびに図8-3は経済産業省（外局定員を除く）及び商務情報政策局定員を文化関連産業振興課の実人員数と比較したものである。この図から明らかなように、経済産業省の定員は減少傾向にある一方で、商務情報政策局

第8章 共管競合する政策領域における行政組織の行動　147

図8-2　経済産業省のコンテンツ産業政策分野への人的リソース配分（人員数）

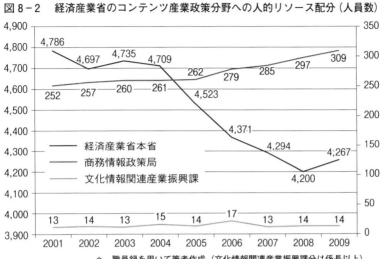

* 職員録を用いて筆者作成（文化情報関連産業振興課分は係長以上）。
* 本省分は外局を除く。

図8-3　経済産業省におけるコンテンツ産業政策領域への人的リソース配分（2001年度と比較）

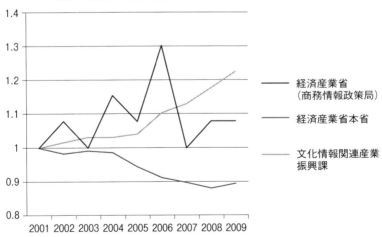

* 職員録を用いて筆者作成（文化情報関連産業振興課分は係長以上）。
* 本省分は外局を除く。

の人員数は増加しており、文化関連産業課の実人員数は増減が少ない。このような状況において、人員が継続して削減されていないことは、他の政策領域より多くの人的リソースを割いていることとなる。

　図8-4ならびに図8-5は総務省（外局定員を除く）及び情報通信政策局・情報流通行政局の定員と情報通信政策課・情報通信作品振興課の実人員数を比較したものである。総務省においても2008年までは一貫して減少傾向にある一方で情報通信政策局は増加傾向にあり、その中で情報通信政策課は少なくとも2006年までは大きく人的リソースを割いていたことになる。

　なお、総務省本省定員は外局である公正取引委員会、公害等調整委員会、郵政事業庁及び消防庁を含まない。2002年から2003年にかけての削減は、郵政事業庁の日本郵政公社化に伴うものと考えられるため今般の事例には大きく影響しない。

　このように、経済産業省、総務省は共にコンテンツ産業政策領域については少なくとも2006年までは人的リソースに関して、全省平均、つまり他の政策領域の平均を超える増加を維持していたことが明らかになった。両省の比較としては、経済産業省の人員数は比較的安定して推移しており、組織の変革もあまり大きくない。一方で総務省は非常に変化に富んでいるといえる。そもそも行政機関としての「省」は、各所管行政を担当する原局とバックオフィスとしての大臣官房を基本の構成単位としており、大臣官房以外の各局は総括課（○○総務課・○○政策課等の呼称が使われるケースが多い）とそれ以外に所管行政を担当する各課室が存在するという構造になっており、組織構成上は柔軟な変革が可能な構造になっている。一方で先に述べたように官僚制は「破壊困難な社会現象」であり組織の再編成を嫌う行動原理がある。ここで、総務省はより柔軟な組織の再編成を行っていることが分かる。ただし、これはコンテンツ産業等各政策領域において、常に安定的に人的リソースが割り当てられることを担保しないことを意味している。

第 8 章 共管競合する政策領域における行政組織の行動　149

図 8-4　総務省におけるコンテンツ産業政策領域への人的リソース配分（人員数）

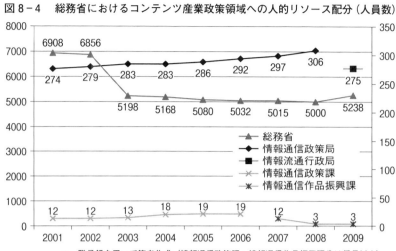

＊　職員録を用いて筆者作成（情報通信政策課・情報通信作品振興課分は係長以上）。
＊　本省分は外局及び委員会を除く。

図 8-5　総務省のコンテンツ産業政策領域への人的リソース配分（2001年度と比較）

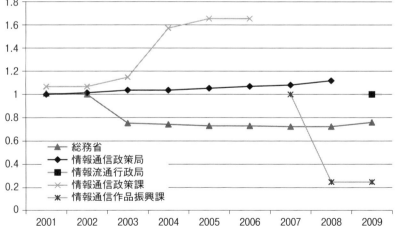

＊　職員録を用いて筆者作成（情報通信政策課・情報通信作品振興課分は係長以上）。
＊　本省分は外局及び委員会を除く。
＊　情報流通行政局及び情報通信作品振興課は設立年度から比較。

6 変革が難しい行政組織の定員

　本章は、経済産業省及び総務省を官僚制における下位組織と位置づけ、コンテンツ産業政策領域を担当する課の設置のタイミング及び所管事項、人的リソースを他分野と比較してどのように投入しているかを考察した。その結果、以下のことが明らかとなった。

　第1に、今回の事例では担当課の設置は双方とも2001年の中央省庁等改編時であり、「破壊困難な社会現象」としての官僚組織に大規模な変革が行われる際に併せて実施することで、通常は難しい新規の組織設置を実施している。設置以降の所管事項もほとんど変わることがなく、組織だけでなく所管の分掌についても大きく変更することは難しいことが伺える。ここで、他の省庁と共管・共管することが予想されるが独占することが特に組織として魅力的である場合、この分野に早期に大きなリソースを投入することで核心体ないし内界域とすることを狙う選択はありうる。しかし、行政組織の再構成に必要な定員管理並びに級別査定において他省庁との調整が必要になることから、そのための新たな組織を柔軟に設置することは容易ではないという行政組織上の問題が存在している。

　第2に、コンテンツ産業政策領域においては、両省共に担当課への人的リソースの投入は毎年ほぼ同じレベルで推移しており、総務省における情報通信作品振興課設置による機能分化を除き、大きな変動はない。しかし、これは必ずしも他の政策領域と比較して多くのリソースを割いていないということはない。両省庁とも定員は減少傾向にあり、平均的組織の場合定員が減少傾向にあることが推察される。しかし、コンテンツ産業政策領域について両省の担当課の人員は安定的に推移しており、このように各省庁の定員が減少する中では相対的に平均より多くのリソースを割いている。

　序章で述べたように、産業政策のニーズが補助金や政策投資中心から、

仕組みの構築や補完性の原理に基づくバックヤードの支援などに移行するためには、多くの目利きの力が必要になる。この変化において、ある所管課の機能は所管する予算の高低から所属する人員の人数・能力に移行しうる可能性が存在している。この点において、コンテンツ産業政策という新たな政策領域に人員が投入されることは重要である。

第9章

結　論
日本型クリエイティブ産業の姿とあるべき方向性

1　日本型クリエイティブ産業の構造

　本研究はこれまで述べてきたことを通じて、産業論の視点から日本型クリエイティブ産業[94]についてその構造を分析するとともに、教育制度・行政制度の2側面からこの産業を支えるシステムを明らかにすることで現代の日本型クリエイティブ産業とは何かを明らかにし、産業振興のために必要な制度について考察することを目的とした。

　第1部はクリエイティブ産業におけるファッション・コンテンツ産業が比較による議論の対象となりうることを提示するため、クリエイティブ産業としてのファッション産業、とりわけ日本型ファッション産業が持つ特質について整理し、コンテンツ産業との関連性ならびに流行の伝播の枠組みを示した。**第2章**では、渋谷を中心とする若者向けファッション産業が米国系デパートやユニクロ系はもちろんのこと、技術力やデザイン力中心のこれまでの日本の繊維・ファッション産業と違い、ユーザ参加型の創作と評判の相互作用を持つ超多様性市場であることを説明した。これを受けて、**第3章**では日本の新しいコンテンツ産業が産

---

[94]　「日本型ファッション産業」を主たる研究対象とし、他のクリエイティブ産業を同産業と比較する形で明らかにした。

み出すポップカルチャー作品とファッション・音楽が互いに影響を与え、流行が個々の産業の垣根を超えて伝播していることを説明することで共通の基盤を元に議論できることを提示した。

第2部では、日本型クリエイティブ産業における消費者行動・商業集積ならびに起業環境について、日本型のコンテンツ産業ならびにファッション産業、またこれらを産み出す秋葉原地域ならびに渋谷地域を比較することで、双方の同一点と相違点を明確とした。結論として、さまざまな商品の市場への供給において速度の違いや販売環境には相違があるものの、脱社会階層化した流行の伝播が行われていること、商業集積地が産業に大きな影響を与えていること、起業環境において個々の専門職の分業・協業体制が整備されており、組織がアドホックに成立していることなど、多くの共通点があることを明らかにした。第4章では特に渋谷系に焦点をあて、消費者に影響を与える情報の伝播が上流から下流へのトリクル・ダウンの情報の伝播より消費者間のボトム・アップな情報の流れが重要となっているという脱社会階層化が見られることを説明し、渋谷の事例からはユーザが流行とそこから産まれる需要の鍵を握っており、企業はこの流れに対応するように少量多品種の商品を供給していることを明らかにした。そして、渋谷地域を中心とするファッション産業と秋葉原地域を中心とするコンテンツ産業と比較し、双方が日本型の模倣と趣向を共有し遊ぶ文化であり、受け手が強い評価のネットワーク力と触媒力を持ち、かつ供給する企業等がこれらの文化を理解しマーケットの前提として参入している産業であると説明した。他方で、コンテンツ産業とは流行に対応する速度、複製の許容の幅については相違があり、双方の比較においてはこれらに留意する必要があることを明らかとした。第5章では日本のコンテンツ産業の中心地の1つである秋葉原地域とファッション産業の中心地の1つである渋谷地域の双方が広域的商業集積地が単なる商業の中心地という役割に留まらず、先端的な消費者が集まり店舗側もそれに応えるという相互作用によって新たな商品・サービスを産み出すイノベーションの発生源という役割も担っていることを説明した。一方、発足が闇市であったという点で出自を同じくするものの、中小企業の集合が主導した秋葉原地域ではさまざまな業種が重層構造で

存在しているのに対し、大企業中心の開発が行われた渋谷地域では、塗り替えられるかのように特定の業種が席巻している点は相違があり、双方の比較においてはこれらに留意する必要があることを明らかとした。

第6章においては秋葉原を市場の中心とするPCゲーム産業を、渋谷系ファッション産業と対比する形で企業環境の共通点と違いを説明した。PCゲーム産業は個々の投資が大規模ではなく、また個々の専門職の分業・協業体制が整備されており、組織がアドホックに成立していることから新規参入が容易であることを明らかであり、起業環境として揺籃地において地理的な近接と、それが産み出す横の交流が重要であることを明らかにした。他方で、PCゲーム産業の多くが商品供給のサイクルが長く商品の販売を外部資本の店舗に依存するのに対し、渋谷系ファッション産業は商品供給のサイクルが短く直営店が中心である点は相違があり、例えば制作面からの新規参入は容易であっても直接販売のための店舗への投資が難しいなど、双方の比較においてはこれらに留意する必要があることを明らかとした。

　第3部では教育と行政の2点に着眼し、日本型クリエイティブ産業を支える制度が実態に適応しているかを明らかにした。**第7章**においてはファッション分野における大学等での教育を事例として、実務家が教育に参画することが重要であると認識されつつも、米国・イタリアなど海外の事例に比較して日本では多くの規制があることを説明した。**第8章**ではコンテンツ産業に関わる行政組織として、経済産業省と総務省の担当部局における人的資源の増減を分析し、組織の新設がなされているという点で変化がないということはできないが、これらが柔軟には行われていないことを指摘した。これらのことから、多品種少量生産が中心の日本型クリエイティブ産業に対し、教育や行政は少なくともこれに対応した制度ではなかった、もしくは変化することができなかったことを明らかにした。

2　新たな産業としての日本型クリエイティブ産業

　これまでに説明した、コンテンツ・ファッション分野の日本型クリエイティブ産業は、これまで日本の経済を支えてきた産業とさまざまな点で相違する、新しい産業である。大規模な工業用地や設備投資、生産のための大規模な人員雇用や高度な技術に支えられた産業ではなく、多くの中小規模の企業がある商品を構成するためのパーツを作るのでもなく、完成品を供給し経営が成立する。しかし、この産業構造の大幅な違いは、一方でこれまで日本で行われてきた政策的支援などの制度がマッチしないという問題を有する。そのため、日本における産業政策を概観し、その上で求められる新たな制度の提案が必要となる。

3　日本における産業政策

　日本の新しい基幹産業としてのクリエイティブ産業に関する産業政策を検討するための前提として、ここではこれまで日本においてどのような産業政策がなされていたのかを振り返る。第二次大戦後、日本は敗戦による経済の崩壊に直面した。戦前に存在した財閥や多くの国策会社は解体されると共に軍事に利用できる事業を禁止され、また経営者は公職追放によってその力を失った。消費者が求める多くの商品は正規のルートではない闇市で流通するなど、経済システムの崩壊にも直面した。しかし、1950年の朝鮮戦争を景気とした高度成長は世界的にも評価される経済復興となった。この経済復興を扱った代表的な先行研究として、Chalmers (1982)、植草他 (2004) 並びに岡崎他 (2002) が挙げられる。Chalmers (1982) は日本の高度成長が経済政策を所管する通商産業省主導の産業政策によって達成されたことを指摘している。小宮 (1975)[95]

は個々の産業分野に関する手法について明らかにした上で、産業政策を「産業間の資金配分や、個々の産業の私企業によるある種の経済活動の水準を、そのような政策が行われない場合とは異なったものに変えるために行われる政府の政策を指す．つまり産業政策は、ある種の産業における生産・投資・研究開発・近代化・産業編成を促進し、また他の産業におけるこれらを抑制するものである．保護関税や奢侈品に対する消費課税はこのように定義された産業政策の手段の"古典的"事例と言えよう。」(96)と定義し、下記の4種に分類し、経済の復興と自立の観点から、傾斜生産方式・基幹産業の育成・重要物資の低位安定価格による供給・輸出の振興の4点であったと指摘している。

(1) 産業への資源配分に関するもの
　(A) 産業一般のinfrastructure（産業用地・産業のための道路港湾・工業用水・電力供給等）に関わる政策
　(B) 産業間の資源配分（interindustory resource allocation）に関わる政策
(2) 個々の産業の組織に関するもの
(3) 各分野ごとの内部組織に関連する政策（産業再編成・集約化・操短・生産および投資の調整等）
(4) 横断的な産業組織政策としての中小企業政策

ただし、当時の産業政策における産業の概念はほぼ工業・製造業を対象としたものであり、サービス業などは対象となっていなかった。このような発想のもとに実施された戦後初期の産業政策は、物資、とりわけ原材料や燃料の不足が前提にあり、供給量を増やし価格を押し下げることでこれらを解決し、経済成長を目指す方向性であった。

本研究は基本的な機能面での需要が飽和した市場において、より高い競争力を持つためにクリエイティブによる付加価値を持つ商品・サービ

---

(95) 小宮（1975），308頁。
(96) 小宮（1984），3頁。

スが対象であるため、これらとは違う定義が求められる。

　戦後から高度成長期に実施された産業政策は鉄鋼・セメントなど基幹産業を対象とし、投融資の資金を集中させることで早期の成長を促すという形であった。

　一方、岡崎他（2002）は金融政策の視点から産業政策についてアプローチしている。大蔵省は昭和26年7月5日蔵銀3153号銀行局長通達[97]によって、全国銀行協会に対し加盟銀行が行う融資について不要不急の産業への融資を抑制することを指示したが、電力・海運・鉄鋼・石炭などの産業は、この抑制の対象外とされた。同通達について岡崎他（2002）は、「大蔵省は『経済自立のために必要な重要産業及び国民経済の運営上必要な中小企業の所要資金』を確保すること、およびそのために『投機、思惑、娯楽、奢侈関係その他重要ではない資金』の供給を抑制する」目的であったと説明している。このように、当時の政府は銀行による企業への融資を規制した上で、重要産業についてこれを規制の枠外とすることで重要な産業を育成する手法を行った。事実上、大蔵省通達が市中銀行が融資可能な産業を定めるという形で企業の資金調達に関与する手法での資源配分を通じて産業政策を実施したと言える。また、真渕（1994）は通商産業省並びに大蔵省の他、日本銀行による産業政策についても言及している。日銀は1947年（昭和22年）に「金融機関資金金融通準則」を策定し産業別・用途別の融資限度額を設け自主規制を徹底させるとともに、同準則が定める「産業資金貸出優先順位表」によって優先順位をつける他、優先順位の低い産業分野については日本銀行を通じた大蔵大臣承認を求めた。これらは自主規制として設定される一方ではぼ唯一の産業資金の供給者として、銀行に対し融資を行う日銀の強力な監督・指導で実施されていたと説明する。このように、大蔵省・日本銀行が持つ金融という一つの産業分野への影響力を背景に産業政策に関与していた。

　これら高度成長期における産業政策のアプローチは、需要に対し不足

---

(97)　同通達は「当面の財政金融情勢に即応する銀行業務の運営に関する件」と題されていた。

する供給をどのように向上させるかということを目的としている。この手法は消費者レベルに直接影響する家電などの製造業においても同様に行われ、三種の神器である白黒テレビ・洗濯機・冷蔵庫や新三種の神器と呼ばれたカラーテレビ・クーラー・自動車[98]は大量生産設備の整備や技術向上の成果により普及率が高まった。三種の神器に代表されるように、これらの産業による産業資材や製品の供給は、需要が供給を上回ることから、より多くの供給を確保されることが求められた。また、不足する国内需要を満たしつつあると共に、輸出することで外貨を稼ぎ、国家の経済成長に貢献する役割を果たしてきた。このような産業について、産業競争力懇談会（2012）は「20世紀以来、我が国の産業基盤を強化し、雇用を創出し、輸出や直接投資により外貨を稼いできた」基幹産業と定義している。

　このように産業政策の目的を達成する上で、政府は産業間の資源配分を通じて介入を行ってきた。特定の産業を選択して重点的に資源配分を行い、また別の産業においては積極的に資源配分を行わないか、その量を規制する手法である。ここでの資源配分は税を財源とした補助金や制度融資のみならず、前述の通達等による市中銀行による融資や、輸入割当等による産業資材の供給規制も含まれる。このような権限を背景に、政府は産業構造に変化を与えることで、過当競争を防ぎつつ国全体の競争力を高める、護送船団方式を選択してきた。

　しかし、高度成長期と比較し、現代ではこれらの状況は大きく変化している。第1に市場環境の変化が挙げられる。様々な分野で供給が需要に追い付き飽和し、価格や付加価値など商品が本質的に求められる機能とは別の部分での競争が発生しており、普及率は適切な指標とは言い難いものとなった。またこれらの産業は周辺の発展途上国等と大きな競争にさらされている。かつての日本の国際競争上の優位点であった低い人

（98）　真渕（1994）が整理するように、1950年のトヨタ自動車経営危機の際の救済融資については、日本銀行は総裁が国際分業の観点から自動車工業の国内育成に批判的な考えを持っていたことから中京地区の金融不安への対応という名目で融資への関与に応じた。このように、自動車産業への関与は当初積極的であったとは言えない。

件費・低い製造コスト[99]と高い技術力は、人件費とコストの面では周辺諸国が圧倒的に有利な立場にあり、技術力については追いつかれつつあり、一部は追いぬかれている。

　石炭・石油・可燃性天然ガス並びに原子力を中心とする資源・エネルギー産業や防衛産業など、安全保障に関わる産業については、様々な政府の規制に守られ国内での競争は最低限に抑えられているが、多くの産業では世界規模の自由市場へと移行している。このような環境の中、かつて政府の影響力の源泉となっていた国内での産業資金の配分への介入は、もはやかつての力を持ち得なくなった。

　また、新たな産業の勃興や成長もこれまでとは大きく異なる様相を呈している。政府は繊維産業の能力向上を目的とし富岡製糸場を1872年（明治5年）に、製鉄を目的として官営製鉄所を1901年に設置するなど、大型生産設備の近代化は重要な政策課題であった。また、第二次世界大戦前後には、製鉄の一元化を目的として1934年に設立された日本製鐵株式会社や国内の石油鉱業の一元化を目的として1945年に設立された帝国石油株式会社など、国営会社による生産設備の国有化も行われた。このような装置産業においては、大型化は生産力の増加並びに生産コストの低下が得られる一方で、大規模な資金調達が必要であった。そのため、市中銀行には供給が難しい長期資金に対応する復興金融公庫並びにその後継としての日本開発銀行や日本政策投資銀行及び長期信用銀行の必要性は極めて高かった。

　しかし、産業政策を取り巻く状況は大きく変化している。世界規模での競争が活性化する中で、かつての基幹産業の多くは、時代と共に主役から降りつつある。また、現在では情報技術産業やサービス産業・小売業など、大規模生産設備を必ずしも必要としない製造業以外の産業分野も増加している[100]。このような分野について、出口（2009b）は日本型

---

(99)　ここでの人件費や製造コストには、労働上や環境上の規制によるコストの高低を含む。

(100)　ただし情報技術産業におけるデータセンターや小売業における店舗の設置等、大規模な資金調達と言える資金需要がないとまでは言えない。

の新しいコンテンツ産業[101]を事例として、巨大なマーケットと規模の小さなマーケットの集積として多様性を持った市場を区別し、後者を超多様性市場と定義[102]し、このような個人〜数人レベルにまで分化した財・サービスの需要に対応した市場は小さな投資規模でかつ損益分岐点も低く設定することができることを指摘した。また、「このようなマーケットでは、多様性を持つ多くのコンテンツを生み出す力そのものが競争力の源泉となる。そこで必要とされるのは、受け手と作り手の相互作用と共進化とコンテンツの多様性をマネジメントするマネジメント力である。さらに多様なコンテンツがリリースされるマーケットでは、受け手としての読み手の側にも多様なコンテンツを評価し受容する高度なリテラシーが要求されている。」と述べられているように、この市場では創作と評判（Creation & Reputation）の相互作用による共進化が存在し、絶え間なく発生する需要に対応する供給が求められる。その上で、この超多様性市場はコンテンツ産業に限らず、デザインと生産を分離したファッション産業において行われており、「工業製品でさえ、短納期小ロットの開かれた製造サービスのプラットフォームが提供され、製品のデザインが使い手と作り手で共進化するメカニズムさえ整えば」可能であると指摘した。

このような、短納期少ロットの製造サービスについて、Chris（2012）は3Dプリンタを事例として、このようなサービスの可能性に言及している。もちろん、このような事例以外にも、製造を外部に委託し販売に特化するアパレル産業や小売業[103]、グローバル化の進展による生産の海外移転、サービス業[104]の隆盛など多くの変化がある。

---

(101) マンガ、アニメ、フィギュア、ライトノベル、ゲームなどが事例として提示されている。
(102) 出口（2009），13頁。
(103) アパレル産業は、自社で生産設備を持たないことが一般的である。
(104) ただし電気・ガス・熱や水道の供給、不動産業の一業態としてのデベロッパーなど、従来から長期資金を必要とする業種はサービス業にも存在した。

4 日本型クリエイティブ産業に求められる制度

　これまでの基幹産業が斜陽化してゆく中で、新たな基幹産業は国家の成長ないし国富の増加に必要である。これまでに述べたコンテンツ産業やファッション産業などの日本型クリエイティブ産業は、この新しい基幹産業としての役割が期待される。しかしこれまで述べてきたように、日本のこれまでの基幹産業を支えてきた産業政策がクリエイティブ産業に適応していないことは明らかである。そのため、新たな視点の政策が必要となる。

　その第1は、本研究の「クリエイティブ産業における人材の育成では、これまでの産業と違い、生産消費者とも言える人材の非階級的で非教育的なクリエーション＆レピュテーションのネットワークが源泉となっている」という主張に対応した非階級的で非教育的なクリエーション＆レピュテーションのネットワークに対する支援である。漫画やゲームが主たるコミックマーケットや、ファッションやアート・デザインが主なデザインフェスタに代表される、自主創作物の展示販売の場がこれらに当たる。これらは行政主体で開催されることが求められるのではなく、様々な規模や種類の場の提供が継続的に行われる環境が整備されるための、会場等のインフラの整備[105]が挙げられる。また、このようなネットワークが様々な産業分野に応用されていくことへの支援が求められる。そしてこのような場から、将来的な生産者や生産消費者を見出すとともに、クリエーション＆レピュテーションのネットワークを拡大してゆくことが期待される。

---

[105] このような場の提供においては大規模な会場が求められることから、その所有・管理運営が行政によって担われている事例が多い。しかし、これらは当日の会場で売買が行われることから利用に一定の制約を課される場合も多い。

第 2 は、本研究の「クリエイティブ産業においては、企業の育成において必要な企業の揺籃地としての商業集積や、共益や公益を担う組織の存在が重要である」という主張に対応した、市場でも企業組織でもない、中間組織が担う役割の拡大である。これまでに多く存在した業界団体としての中間組織や、専門分野別の組織や地域産業別の組織など、市場でも企業組織でも政府でもない存在は、活動が公的な側面を持つ政府や、個々の利益を追求する企業と比べても新たなニーズに対応することができる。これらは、専門分野におけるクリエーション＆レピュテーションのネットワークとして機能すると共に、新たな企業やプロジェクトのためのきっかけとなることができ、商業集積という地理的な条件としての揺籃地となる。政府においても、これまで多く行われてきた行政指導の窓口としての役割ではなく、産業振興のためにアドホックに対応する組織として中間組織と協働することが可能となる。そのためには潜在的な中間組織を、法人化等の手法により顕在化することで社会に認知させ、活動の場を広げてゆく施策が求められる。

　第 3 は、本研究で「少量多品種であることが求められるクリエイティブ産業は、大量少品種である素材産業や家電・自動車等の製造業や日本では少数派のハリウッド型クリエイティブ産業とその性格を異にするにも関わらず、行政組織の変化はこれに対応したものではなかった」と主張したことへの対応である。これまで述べたように行政組織は柔軟な変化に対応したものではなかったことが明らかである。しかし、行政組織の頻繁な制度改変は、一方でそれ自体に大きなエネルギーが使用されるとともに、産業分野全体の混乱を招く可能性がある。とはいえ、経済産業省や他省庁においては特定の産業を担当する部局が多く存在し、これらはその産業が継続することが前提であり、そもそも柔軟な改編を行うことが難しい組織構造であるという問題を持つ。しかし産業間の衰勢も明らかであり、固定化に益がないこともあきらかである。そのため、投入する人的リソースの量や種類を柔軟に変更できる仕組みを整備することが求められる。

　これまでで述べてきたように、クリエイティブ産業における産業政策として求められているものは、非階級的で非教育的なクリエーション＆

レピュテーションのネットワークを拡大することによる人材の養成、発掘並びに参入しやすい市場環境の整備、およびこれらを政府が効果的に関与するための産業別担当組織の人的リソースの柔軟化である。

5　産業間または産業を横断するサービスチェイン

　これまで述べてきたクリエイティブ産業の構造やこれを支える制度は、クリエイティブ産業という比較的広い概念の産業を扱ってきた。この他、今後検討してゆかねばならない課題に産業間あるいは産業を横断するサービスチェイン間の競争がある。出口（2014）は、物理的実体を持った価値としての「もの」と行為（役務）や情報としての価値の創成物としての「こと」の連鎖からなる価値の創成物とその生成の仕組をサービスと定義し、付加価値形成とその利用や消費に関する一連の意味のあるプロセスをサービスのチェインとしている。ここにおいては工業製品などの「もの」はサービスチェインを構成する1つのコンポーネントに過ぎず、現代においてはこのサービスチェイン間の競争が中心であることを指摘した。

　繊維・ファッション産業を例とすると、繊維製品であるアパレル（衣服）は、糸に関する工程（繊維素材・紡績）・布に関する工程・アパレルに関する工程（縫製）に分化され、各段階においてそれぞれ生産・流通が存在する。この中では、糸・布・アパレルそれぞれの段階で技術やデザイン創造性を発揮した製品の開発と流通が行われ、最終製品としてのアパレルが産み出される。そして、ファッションショーやテレビ・雑誌・ブログなどのメディアや店舗を通じて消費者に伝わる。このサービスチェインにおいては、魅力的な最終商品は要素の一部に過ぎず、例えば「著名なブランドの商品として販売」・「テレビや雑誌で憧れるモデル等が着用」・「クリスマスのイベント向けの需要」・「信頼する販売員からの推奨」など、製品の価値以外の付加価値が多くを占める。

　しかし、これまで繊維産業においては、これらのチェインを構成する

コンポーネントのうち、日本が持つ高い技術力において優位性を発揮することが主張されてきた。パリ・コレクションにおける有名デザイナーの作品を構成する素材の多くが日本製であることのアピールはその代表例である。ただし、コレクションで発表されたアパレルの価値は最終製品としての価値にブランドなどの価値が付加されたものであり、個々のコンポーネントとしての素材の価値はその一部分に過ぎない。このように、ファッションビジネスはいわば最終製品と関連するサービスが産む付加価値を中心としたチェインであり、生産に関わる個々のコンポーネントは代替可能であるか、もしくは価値の中心とはなりえない。

　これは他の産業でも同様であり、apple社のiphoneなどの製品にどれだけ日本製ないし日本企業の部品が使用されていたとしても、iphoneは「もの」としてのiphoneとitunesやapple storeなど関連するサービスが複合したサービスチェインであり、個々の部品が付加価値を産み出す中心とはならないのと同様である。もちろん、ある高い技術力を背景とした商品開発が破壊的イノベーションを産み出す可能性がないとまではいえない。しかし、そこで産まれる付加価値は単に技術力のみによって産まれたものではなく、その商品の開発や流通、販売に関わる宣伝なども含む一連のチェインが産み出している。ユニクロのヒートテックの流行は、繊維素材と紡績に関する技術を例とすると重要なコンポーネントであるが、それ以上に商品を宣伝し流通させるサービスによって産み出された付加価値が大きいと考えられる。このように、現代における産業は、商品の生産とそれに関わるサービスをコンポーネントとしたチェイン間の競争となっており、個々のコンポーネントの優劣が勝敗を決する要因となることは難しくなっている。

　これまでの多くの産業政策は、サービスチェイン間の競争を念頭に置いたものではなく、個々のコンポーネントとしての分化された工程を強化するためのものであったり、そもそも石油・天然ガスや鉄鋼の国内供給や自動車の輸出など、ターゲットとなるのは工業製品としての最終製品が中心であった。

　もちろん、自動車産業の振興と道路特定財源制度・高速道路料金のプール化など、単に技術開発に留まらず需要を喚起するための政策が同

時に実施された事例は存在する。しかし、自動車産業を例に取るならば、これから競争の中心になるのは「人の移動」というサービスをどのように提供するかという競争であり、例えば東京大阪間の移動であれば新幹線・航空機ならびにバスの間での競争を念頭に置く必要がある。しかし、産業別所管行政の中ではこのような議論が難しいことも事実である。現代においては高付加価値のサービスチェインとそれを産み出す仕組みがわが国に必要である。クリエイティブ産業は、この高付加価値を産み出す産業として重要な立ち位置である。例えば素材としての金に対する付加価値としての宝飾品への加工、布から産み出された被服とさらなる付加価値としてのファッション性の付与など、クリエティビティが付加価値であった時代から、付加価値自体がサービスチェインの価値の中核たる存在へと変化する。今後これらの研究によって、クリエイティブ産業研究はさらに深化し、これを支える制度もより産業にマッチしたものへと変化する要因となりうる。

参考文献（英文）

Chalmers Ashby Johnson. (1982). *MITI and the Japanese Miracle : the Growth of Industrial Policy, 1925-1975*. Stanford University Press. (＝矢野俊比古（訳）(1982)『通産省と日本の奇跡』, TBS ブリタニカ)

Chris Anderson. (2012). *Makers : The New Industrial Revolution*. Crown Business. (＝関美和（訳, 2012）『MAKERS―21世紀の産業革命が始まる』, NHK 出版)

DCMS. (2001). *Creative Industries Mapping Document 2001*. United Kingdom : Department for Culture, Media and Sport.

DCMS. (2011). *Creative Industries Mapping Document 2011*. United Kingdom : Department for Culture, Media and Sport.

DCMS. (2007). *Creative Industries Mapping Document 2007*. United Kingdom : Department for Culture, Media and Sport.

Downs Anthony. (1967). *Inside bureaucracy*, New York : Scott Foresman & Co,. (＝渡辺保男（訳, 1975）『官僚制の解剖――官僚と官僚機構の行動様式』サイマル出版会)

Eric von Hippel. (2005). *Democratizing Innovation*. MIT Press. (＝サイコム・インターナショナル（訳, 2005）『民主化するイノベーションの時代』, ファーストプレス)

Fashion Institute of Technology. (2008). *LOOKBOOK 2008-2010*. Fashion Institute of Technology.

Joanne Finkelstein. (1966). *AFTER A FASHION*. Melbourne University Press. (＝成実弘至（訳, 2007）『ファッションの社会学』せりか書房)

Kaplan Eugene J. (1972). *Japan : The Government-Business Relationship : A Guide for the American Businessman*. Washington, D.C., U.S.A. : U.S. Bureau of International Commerce. (＝中尾光昭（訳, 1972）『日本株式会社――米商務省報告』, 毎日新聞社)

Katz Elihu Lazarsfeld Paul. (1955). *Personal Influence*. Free Press. (竹内郁郎（訳, 1965）『パーソナル・インフルエンス』培風館)

King Gary Robert, O. Keohane and Sidney Verba (1994). *Designing Social Inquiry : Scientific Inference in Qualitative Research*. Princeton University Press. (真渕勝（監訳, 2004）『社会科学のリサーチ・デザイン――定性的研究における科学的推論』勁草書房)

Nakamura Jin. (2010). *Deployment of Fashion Culture from Japan : Policy Process of Pop Culture Fashion Valuing*. 4 th Annual Interna-

tional ACSA Conference Programme 2010, pp.13-14.
Nakamura Jin. (2012). *HUMAN RESOURCE MANAGEMENT FOR HIGH-RANKING OFFICIALS IN CENTRAL GOVERNMENT― CASE STUDY OF THE JAPANESE GOVERNMENT―*. International Journal of Business Research, 12（1）, pp.171-175.
Niskanen Arthur William (1971). *Bureaucracy and Representative Government.* Aldine-Atherton.
PARSONS THE NEW SCHOOL FOR DESIGN. (2008). *PARSONS THE NEW SCHOOL FOR DESIGN UNDERGRADUATE PROGRAMS 2008-2009.* PARSONS THE NEW SCHOOL FOR DESIGN.
Selznick Philip. (1949). *TVA and the Grass Roots A Study of Politics and Organization.* Berkeley: University of California Press.
Simmel Georg. (1911). *Philosophische Kultur.* gesammelte Essais.（＝円子修平，大久保健治（訳，1976）『ジンメル著作集7　文化の哲学』白水社）
UNCTAD. (2008). *Creative Economy Report* 2008： *The challenge of assessing the creative economy towards informed policy-making.* 参照日：2013年1月31日，参照先：http://unctad.org/en/Docs/ditc20082cer_en.pdf
UNCTAD. (2010). *Creative Economy Report.* 参照日：2013年1月31日，参照先：http://unctad.org/es/Docs/ditctab20103_en.pdf
Veblen Thorstein. (1899). *The History of Leisure Class : An Economic Study in the Evolution of Institution.* THE MACMILLAN COMPANY.（＝小原敬士（訳，1961）『有閑階級の理論』岩波文庫）
Weber Emil Maximilian Karl. (1921). *Soziologie der Herrschaft.*（＝世良晃志郎訳，1960）『支配の社会学Ⅰ』創文社）
Weber Emil Maximilian Karl. (1896). *Bürokratie.*（＝阿閉吉男，脇圭平（訳，1987）『官僚制』恒星社厚生閣）

参考文献（邦文）
秋葉原電気街振興会（2011）「秋葉原アーカイブス」参照日：2011年9月13日，参照先：http://www.akiba.or.jp/archives/index.html
厚香苗（2012）『テキヤ稼業のフォークロア』青弓社
阿部克己（2007）「都市型産業論と現代中小企業」『東邦学誌』No.36（2），71-84頁

井出敬二（2009）「「文化外交」について──歴史的展望、今日的意味と課題」文化経済学，6（4），9-16頁

稲継裕昭（2007）「官僚・自治体の経験的分析」レヴァイアサン，40，108-114頁

猪口教行（2008）「秋葉原──地名の由来」文学・芸術・文化，19（2），1-10頁

今村都南雄（2006）『官庁セクショナリズム』東京大学出版会

植草益，大川三千男，冨浦梓（2004）『日本の産業システム② 素材産業の新展開』NTT出版

内田真理子（2007）「日本の国際文化交流とポップカルチャー──商業ベースの普及と政府の役割」文化経済学，5（4），29-37頁

遠藤功（2007）『プレミアム戦略』東洋経済新報社

遠藤諭（2005）「変貌する秋葉原」『情報処理』，情報処理学会，46巻3号，314-315頁

遠藤諭（2009）「ゴスロリ人口100万人、200億円市場」角川アスキー総合研究所，参照日：2013年1月25日，参照先：所長コラム：http://research.ascii.jp/elem/000/000/023/23052/

大蔵省銀行局（1951）「当面の財政金融情勢に即応する銀行業務の運営に関する件（昭和26蔵銀3153）」大蔵省銀行局

太下義之（2009）「英国の『クリエイティブ産業』政策に関する研究──政策におけるクリエイティビティとデザイン」，季刊政策・経営研究，3，119頁

大沼淳（1997）「文化としてのファッション──その人材育成について」繊維と工業，53（6），172頁

長内厚（2008）「市場志向の技術統合」国民経済雑誌，197（5），87-107頁

岡崎哲二，奥野正寛，植田和男（2002）『戦後日本の資金配分 産業政策と民間銀行』東京大学出版会

岡澤宏（1994）『新・現代産業論・政策論原理』啓文社

岡本義行（1997）「イタリアのファッション産業における人材育成」グノーシス，6，9-19頁

尾津豊子（1998）「光は新宿より」K&Kプレス

片山健介，梶谷彰男，保利真吾，平本一雄，志摩憲寿（2009）「東京における集客型市街地の変容過程に関する考察 その4 秋葉原の事例」日本建築学会大会学術講演梗概集（東北），1187-1188頁

株式会社価値創造研究所（2007）『秋葉原から見た日本企業の競争力に関する調査研究』財団法人機械振興協会経済研究所

株式会社野村総合研究所（2012）『平成23年度　知的財産権ワーキング・グループ等侵害対策強化事業（クリエイティブ産業に係る知的財産権等の侵害実態調査及び創作環境等の整備のための調査）報告書』株式会社野村総合研究所

兼田敏之，小山友介，中村仁，林恵子，池本将章，勝間大輔（2011）「秋葉原地区回遊行動研究プロジェクト　シミュレーション＆ゲーミング研究への意義とオープン・プロブレム」日本シミュレーション＆ゲーミング学会全国大会論文報告集2011年秋号，51-52頁

川北孝雄（1985）『通産・郵政戦争──官僚の権限とは何か』教育社

河島伸子（2009）『コンテンツ産業論──文化創造の経済・法・マネジメント』ミネルヴァ書房

川名英之（1995）『ドキュメント日本の公害』緑風出版

菊池聡（2008）「「おたく」ステレオタイプの変遷と秋葉原ブランド」地域ブランド研究，4，47-78頁

喜多見富太郎（2007）『地方出向を通じた国によるガバナンス』東京大学21世紀COEプログラム「先進国における《政策システムの創出》」

金正勲（2007）「世界のコンテンツ政策」『コンテンツ学』世界思想社，261-282頁

木村達央（2009年1月2日）「転機は「渋谷にセクシーカジュアルの突風が吹いた」96年　渋谷の魅力は情報力。ますます若い人に魅力ある街に」『KEYPERSON　キーパーソンが語る渋谷の未来』渋谷文化，参照日：2013年1月25日，参照先：http://www.shibuyabunka.com/keyperson2.php?id=77

木村麻里子，小嶋勝衛，宇於崎勝也，根上彰生，川島和彦（2007）「秋葉原地区における空間構成に関する研究：建物床用途の現状分析」学術講演梗概集（九州），321-322頁

京都大学大学院法学研究科（2009）『京都大学大学院法学研究科附属法政実務交流センター』京都大学大学院法学研究科

清成忠男（1972）『現代中小企業の新展開──動態的中小企業論の試み』日本経済新聞社

経済産業省（2007）『感性価値創造イニシアティブ──第四の価値軸の提案』経済産業省

小宮隆太郎（1975）『現代日本経済研究』東京大学出版会

小宮隆太郎（1984）「序章」小宮隆太郎，奥野正寛，鈴村興太郎（編）『日本の産業政策』東京大学出版会，3頁

小山友介（2006）「日本ゲーム産業の共進化構造──イノベーションリー

ダーの交代」ゲーム学会誌，1（1），63-68頁
小山友介（2009a）「2つのコンテンツ産業システム」出口弘，田中秀幸，小山友介（編）『コンテンツ産業論——混淆と伝播の日本型モデル』東京大学出版会
小山友介（2009b）「秋葉原の持つ揺籃機能」出口弘，田中秀幸，小山友介（編）『コンテンツ産業論——混淆と伝播の日本型モデル』東京大学出版会
小山友介・七邊信重・中村仁（2015）「日本におけるPCノベルゲームの産業構造」樺島榮一郎（編）『メディア・コンテンツ産業のコミュニケーション研究』ミネルヴァ書房
コンピュータソフトウェア倫理機構（2006）「美少女ゲーム（成人向けPCゲームソフト）業界の概要」参照日：2013年2月22日，参照先：http://www.npa.go.jp/safetylife/syonen29/6-siryou4.pdf
境真良（2007）「日本のコンテンツ政策」『コンテンツ学』世界思想社，239-260頁
佐藤りか（2002）「「ギャル系」が意味するもの：＜女子高生＞をめぐるメディア環境と思春期女子のセルフイメージについて」国立女性教育館研究紀要，6，45-57頁
参議院（1947）「第一回国会参議院財政及び金融・商業・鉱工業委員会会議録第五号」『第一回国会参議院委員会議事録(第二十八部)』参議院，2頁
産業競争力懇談会（2012）『イノベーションによる再生と成長のために』産業競争力懇談会
産業構造審議会繊維産業分科会（2003）『日本の繊維産業が進むべき方法ととるべき政策——内在する弱点の克服と強い基幹産業への復権を目指して』経済産業省
清水友理，児玉哲彦，渡邊朗子，三宅理一（2008）「高密度商業地域における"暗黙知としての地域情報"共有に関する研究——秋葉原モバイル実証実験を通じた地域情報化の試み」日本建築学会計画系論文集，73（632），2275-2280頁
杉本徹雄（1997）『消費者理解のための心理学』福村出版
鈴木絢子（2013）『クールジャパン戦略の概要と論点』調査と情報，804，国立国会図書館
妹尾堅一郎（2007a）『アキバをプロデュース 再開発プロジェクト5年間の奇跡』アスキー
妹尾堅一郎（2007b）「実務家教員の必要性とその育成について——「実務知基盤型教員」を活用する大学教育へ」広島大学高等教育開発セン

ター大学論集,39,109-128頁
繊研新聞社(2009)『繊維・ファッションビジネスの60年』繊研新聞社
高井尚之(2012)『セシルマクビー 完成の方程式』日本実業出版社
高橋哲雄(1978)『産業論序説』実教出版
高橋洋(2009)『イノベーションと政治学――情報通信革命〈日本の遅れ〉の政治過程』勁草書房
田中角栄(1972)『日本列島改造論』日刊工業新聞社
田中里尚,中村仁,梅原宏治,工藤雅人,古賀令子(2012)「日本ファッションにおけるポップカルチャー的背景に関する研究――戦後日本のポップカルチャー資料収集を中心に」『平成23年度服飾文化共同研究最終報告書』,文部科学省服飾文化共同研究拠点・文化女子大学文化ファッション研究機構),2012.03.30,11-20頁
田中秀幸(2009)「コンテンツ産業とは何か――産業の範囲,特徴,政策」出口弘,田中秀幸,小山友介(編)『コンテンツ産業論――混淆と伝播の日本型モデル』東京大学出版会
知的財産戦略本部コンテンツ専門調査会(2004)『コンテンツビジネス振興政策――ソフトパワー時代の国家戦略』知的財産戦略本部コンテンツ専門調査会
知念利秀(2010)『秋葉原ラジオストアー60周年記念誌 アキバはここから始まった!』株式会社ラジオストアー
通商産業省(1972)『産業の情報化:70年代産業社会のビジョン(通商産業省大臣官房調査課,編)』通商産業研究社
手代木功(2013年1月10日)「基幹産業としての自覚と責任を」参照日:2013年1月20日,参照先:薬事日報ウェブサイト:http://www.yakuji.co.jp/entry29586.html
出口弘(2009a)「まえがき」出口弘,田中秀幸,小山友介(編)『コンテンツ産業論――混淆と伝播の日本型モデル』東京大学出版会
出口弘(2009b)「コンテンツ産業のプラットフォーム構造と超多様性市場」出口弘,田中秀幸,小山友介(編)『コンテンツ産業論――混淆と伝播の日本型モデル』東京大学出版会,3-40頁
出口弘(2009c)「絵物語空間の進化と進化」出口弘,田中秀幸,小山友介(編)『コンテンツ産業論――混淆と伝播の日本型モデル』東京大学出版会,287-340頁
出口弘(2014)「サービスチェインと仕組みビジネス」情報処理,Vol.55 No.2,140-147頁
TGC実行委員会(2009)『TOKYO GIRLS COLLECTION by girlswalker.

com TGC Autumn/Winter 9 th Avenue』TGC 実行委員会
富澤修身（2013）『模倣と創造のファッション産業史――大都市におけるイノベーションとクリエイティビティー』ミネルバ書房
内閣（2010）『新成長戦略「「元気な日本」復活のシナリオ』内閣
長田昭（2006）『アメ横の戦後史　カーバイトの灯る闇市から60年』KK ベストセラーズ
中村伊知哉（2006）『日本のポップパワー――世界を変えるコンテンツの実像』日本経済新聞社
中村仁（2010）「アパレル産業での作り手と使い手の共進化」第14回進化経済学会大阪大会報告論集，DVD.
中村仁（2010）「ファッションビジネスの特徴とその可能性」社会・経済システム学会第29回大会報告要旨集，81-84頁
中村仁（2012）「高度専門化した広域的商業集積地の形成」『社会・経済システム』，第33号，社会・経済システム学会
中村仁，富吉賢一，中川勉，田中秀幸「ファッション分野における政策的支援に関する研究――国内外の産業・文化政策を中心に」『服飾文化共同研究最終報告2012』，文部科学省服飾文化共同研究拠点・文化女子大学文化ファッション研究機構），2013.03.30，33-43頁
仲川秀樹（2008）「メディアからみる"おしゃれ"と"カワイイ"の世界」ジャーナリズム＆メディア，1，107-119頁
仲川秀樹（2010）「マス・メディアとキャンパス・ファッション――分化する女性誌と時代の関係性」ジャーナリズム＆メディア，3，35-45頁
中林啓治（2001）『記憶の中の街　渋谷』河出書房新社
難波功士（2003）「階級文化をめぐって」関西学院大学社会学部紀要，95，217-225頁
難波功士（2005a）「渋カジ考」関西学院大学社会学部紀要，99，233-246頁
難波功士（2005b）「戦後ユース／サブカルチャーズをめぐって（4）：おたく族と渋谷系」関西学院大学社会学部紀要，99，131-153頁
難波功士（2007）「族の末裔としての渋カジ」『族の系譜学』青弓社，275-276頁
日経産業新聞（編）（1982）『The 秋葉原　電子産業の縮図』日本経済新聞社
西藤雅夫（1960）「産業論の構造と産業構造論」『彦根論叢』No.65-67，63-77頁
延岡健太郎（2006）「意味的価値の創造――コモディティ化を回避するものづくり」国民経済雑誌，194（6），1-14頁

狭間源三（編）(1973)『現代日本産業論』法律文化社
橋本寿朗 (2001)『戦後日本経済の成長構造——企業システムと産業政策の分析』有斐閣
林恵子，池本将章，兼田敏之，小山友介，中村仁 (2013)「東京都秋葉原地区における回遊行動ならびに用途断面に関する調査研究」『日本建築学会技術報告集』，第19巻第41号，日本建築学会，315-319頁
七邊信重 (2010)「ノベルゲーム」デジタルゲームの教科書制作委員会（編）『デジタルゲームの教科書　知っておくべきゲーム業界最新トレンド)』ソフトバンククリエイティブ，309-320頁
深井晃子 (2009)「日本ファッション——クリエイティブ産業としてのパワー」文化経済学，27，17-26頁
藤田真弓，木村麻里子，和田華子，小嶋勝衛，根上彰生，宇於崎勝也 (2006)「秋葉原地区における空間構成に関する研究——建物床用途の現状分析」2006年度日本建築学会関東支部研究報告集，177-180頁
藤原正仁 (2010)「ゲーム開発者のキャリア形成」デジタルゲームの教科書制作委員会（編）『デジタルゲームの教科書　知っておくべきゲーム業界最新トレンド』ソフトバンククリエイティブ，483-506頁
文化ファッション大学院大学 (2009)『Origins in Japan : TheRoad to a Next Generation Fashion business 2009』文化ファッション大学院大学
松井隆幸 (2013)「産業論から見た不織布——国際分業の転換とビジネスモデル」『富山大学紀要　富山大学経済論集』，58(2-3)，175-190頁
松浦桃 (2007)『セカイと私とロリータファッション』青弓社
真渕勝 (1994)『大蔵省統制の政治経済学』中央公論新社
真渕勝 (2006)『現代行政分析（改訂版)』財団法人放送大学教育振興会
真渕勝 (2009)『行政学』有斐閣
御厨貴（編）(2007)『オーラルヒストリー入門』岩波書店
三宅理一 (2010)『秋葉原は今』芸術新聞社
村松伸 (2010)『シブヤ遺産』バジリコ
村松岐夫 (1994)『日本の行政』中央公論新社
村松岐夫，久米郁男 (2006)『日本政治変動の30年　政治家・官僚・団体調査に見る構造変容』東洋経済新報社
森川嘉一郎 (2003)「秋葉原電気街におけるオタク系専門店の増加の調査」日本建築学会大会学術講演梗概集（東海），441-442頁
文部科学省専門職大学院室 (2009)『専門職大学院制度の概要——Professional Graduate School』文部科学省専門職大学院室

山田浩之（2002）「文化産業論序説」『文化経済学』No.3（2），1-7頁
山崎朗（1991）「産業論の存立根拠——産業組織論再批判」『彦根論叢』No.273-274，401-416頁
山本尚利（2012）「感性産業論」『早稲田国際経営研究』No.43，55-65頁
寄本勝美（1998）『政策の形成と市民——容器包装リサイクル法の制定過程』有斐閣
渡辺明日香，城一夫（2006）「ファッションエリアの変遷とストリートファッションとの相関性に関する研究——原宿・渋谷・銀座・代官山・新宿」共立女子短期大学生活科学科紀要，49，19-30頁
渡辺明日香，城一夫（2007）「ファッションを伝播させる雑誌メディアの変容　1990年代以降のファッション誌とファッションの関係を中心として」デザイン理論，50，123-139頁

図表一覧

図

図1-1　ファッション産業における
　　　　サイクルと多様性 …………16
図1-2　本研究の概要図 ……………24
図3-1　香港で開催されたイベント
　　　　「コミックワールド香港」におけ
　　　　るコスプレイヤー ……………44
図3-2　ドイツ・フランクフルトで
　　　　開催されたブックフェアでのコ
　　　　スプレイヤー ……………………45
図3-3　ドイツ・ニュルンベルクに
　　　　おけるディル・アン・グレイの
　　　　コンサート風景 ……………48
図3-4　香港で2009年7月1日に開
　　　　催されたACGHKの参加者 ……51
図3-5　2004年9月4日に原宿で撮
　　　　影された18歳女性のファッショ
　　　　ン ……………………………………51
図3-6　2009年10月6日にフランス
　　　　で開催されたMIPCOMにおける
　　　　AKB48（制服スタイルのファッ
　　　　ションの実例として）……………56
図3-7　2009年度日本政府主催「桜
　　　　を観る会」における麻生太郎内
　　　　閣総理大臣（当時）とAKB48 …56
図3-8　世界コスプレサミット2015
　　　　チャンピオンシップ ……………57
図4-1　モードにおけるヒエラル
　　　　キー ……………………………62
図4-2　情報の流れとオピニオン
　　　　リーダー ………………………63
図4-3　「渋谷系」ファッションの
　　　　イメージ（東京ガールズコレク
　　　　ション2009S/S）……………66
図4-4　『egg』2011年2月号表紙 …66
図4-5　SHIBUYA 109入口 ………66
図4-6　モデル・読者モデル・スト
　　　　リートスナップ・読者の立場の
　　　　違い ……………………………70
図4-7　販売員の3つの機能 ………71
図4-8　「渋谷系」におけるオピニ
　　　　オン・リーダーと消費者 ………77
図5-1　秋葉原の昼の風景 …………91
図5-2　秋葉原の夜の風景 …………91
図5-3　秋葉原における戦後の商業
　　　　クラスタの発生の流れ ………96
図5-4　道玄坂共同ビル（SHIBUYA
　　　　109）……………………………101
図7-1　Persons校舎と周辺風景 …119
図7-2　FIT校舎 …………………123
図8-1　行政機関の管轄する政策領
　　　　域の競合 ………………………135
図8-2　経済産業省のコンテンツ産
　　　　業政策分野への人的リソース配
　　　　分（人員数）……………………147
図8-3　経済産業省におけるコンテ
　　　　ンツ産業政策領域への人的リ
　　　　ソース配分（2001年度と比較）
　　　　……………………………………147
図8-4　総務省におけるコンテンツ
　　　　産業政策領域への人的リソース
　　　　配分（人員数）…………………149
図8-5　総務省のコンテンツ産業政
　　　　策領域への人的リソース配分
　　　　（2001年度と比較）……………149

表

表1-1　2つのコンテンツ産業シス
　　　　テム ……………………………17
表1-2　渋谷系とモードのファッ

　　　　　ション産業システム ………18
表5-1　渋谷・秋葉原の相違点 ……86
表6-1　コンテンツ別ボリューム・　　　制作費及び参入難易度 …………107
表8-1　コンテンツ産業政策領域担
　　　　　当課の変遷 ………………143

あとがき

　本書は、近年注目を浴びることが多いにもかかわらず、研究分野としてはまだフロンティアであると言えるクリエイティブ産業に、行政学・経営学・商学などのディシプリンを用いてその実態を明らかにし、一つの「産業」として捉えることで行政による政策的アプローチの可能性を探るものである。今回の研究での取り組みのように、社会科学の諸領域のディシプリンを用いさまざまな角度から研究することは、新たな知見を得るために有効な方法の一つであろうと考えている。本書で取り上げたクリエイティブ産業としてのファッション産業・コンテンツ産業は研究対象として関心を持たれることが多い分野ではあるものの、一方でどのように研究するかという、登山に例えるとルートの見極めが難しい分野とも感じており、本書がその一助となるのであれば筆者として喜ばしい限りである。一方で個々の産業の掘り下げやまた２つの産業のシナジーなどは今後の研究課題であり、筆者はもちろんのこと、より多くの研究者の参加を願っている。

　本書の内容は、2014年３月に東京工業大学から博士（学術）の学位を授与された博士論文「日本型クリエイティブ産業の研究：日本型コンテンツ・ファッション産業の比較によるユーザ主導型消費と産業構造の分析」を基にしている。ただし、本書では章の構成など一部加筆・修正を加えている。なお、研究を進める過程で以下の研究成果を公表・報告しているが、いずれも博士論文ならびに本書の執筆にあたっては加筆・修正を行った。

第１章　新　規
第２章　中村仁「ファッションビジネスの特徴とその可能性」『社会・経済システム』第32号、社会・経済システム学会、2011.10.29、167-173頁（査読有、原著論文）
第３章　Jin Nakamura, "KNOWLEDGE MANAGEMENT IN JAPANESE FASHION BUSINESS — The Relationship between Pop Culture Works and Fashion —", Proceedings of Sixth International Knowledge Management in Organizations Conference, Sixth International Knowledge

Management in Organizations Conference, 27 Sep 2011, pp. 1-14. (peer reviewed, International Conference proceedings)

第4章　中村仁「オピニオン・リーダー層の変化と消費者行動——『渋谷系』ストリート・ファッションを事例として」『情報社会学会誌』第6巻第1号、情報社会学会、2011.06.18、115-124頁（査読有、研究ノート）

第5章　中村仁「高度専門化した広域的商業集積地の形成」『社会・経済システム』第33号、社会・経済システム学会、2012.11.15、39-46頁（査読有、原著論文）
中村仁「専門的商業集積地の成立」社会・経済システム学会第31回大会予稿集、社会・経済システム学会、2012、7-11頁（大会予稿集）
中村仁「クリエイティブ産業に関する商業集積の形成過程に関する考察——渋谷地域と秋葉原地域」社会・経済システム学会第32回大会予稿集、社会・経済システム学会、2013、107-111頁（大会予稿集）

第6章　Jin Nakamura, Yuhsuke Koyama, Nobushige Hichibe "DIVISION OF LABOR AND COLLABORATIVE SYSTEMS IN CREATIVE INDUSTRIES : A CASE STUDY OF THE JAPANESE PC GAME INDUSTRY", Proceedings of IABE-2012 Key West-Winter Conference, International Academy of Business and Economics, 09 March 2012, pp.12-16. (peer reviewed, International Conference proceedings)

第7章　中村仁「ファッション教育における実務家の参与に関する一考察」『東京大学大学院情報学環紀要　情報学研究』第78号、東京大学大学院情報学環、2010.03.30、135-146頁（原著論文）

第8章　中村仁「共管競合する政策領域における行政組織の行動に関する一考察——コンテンツ産業への資源配分を事例として」『コンテンツ文化史研究』第6号、コンテンツ文化史学会、2011.10.31、43-57頁（査読有、原著論文）
Jin Nakamura, "HUMAN RESOURCE MANAGEMENT FOR HIGH-RANKING OFFICIALS IN CENTRAL GOVERNMENT : CASE STUDY OF THE JAPANESE

GOVERNMENT", International Journal of Business Research, Vol.12-No.1, 09 March 2012, pp.171-175.（peer reviewed, article）

第9章　書き下ろし

　筆者が本書の萌芽となる研究を始め、学位論文をまとめ本書の刊行に至るまで、実に多くのご支援とご指導を頂いた。
　出口弘教授には本論文の学位申請にあたる審査委員主査として、また私が2009年4月から2013年3月まで所属した東京工業大学エージェントベース社会システム科学研究センターのセンター長として、研究・教育活動の両面でご指導を頂いた。特に大学院社会理工学研究科において「コンテンツサービス創出論」を共同担当させて頂いたことや秋葉原における商業集積調査は本論文の執筆にあたる大きなきっかけとなった。小山友介先生には、本論文の元となる各論文ならびに本論文の執筆において長期に渡って、週末や夜に多くの時間を割いて議論にご参加下さり、論文博士に必要な各プロセスにおいて貴重なご助言を頂くとともに、審査委員をお引き受け頂いた。木嶋恭一先生には、質的調査が中心の本論文において、研究の信憑性をどのように説明すべきか、また本論文の扱うクリエイティブ産業とはどのように定義されるかなど、本研究の枠組みや方法論について多くの貴重なご指摘を頂いた。猪原健弘先生には、本論文が扱う中心的産業である日本型クリエイティブ産業について、他の国・産業との共通部分ならびに差異を明らかにすること、超多様性産業と超多様性市場の差異など本論文の基本的な定義について重要なご指摘を頂いた。寺野隆雄先生には　重厚長大産業とクリエイティブ産業との規模の違いから産まれる差異や、コンテンツ産業を行政が支援すべきかという産業論を元に産業政策を検討する本論文における本質的なご指摘を頂いた。谷口尚子先生には、本研究のベースとなる学説史や産業論と産業政策の本論文内での位置づけや産業政策の歴史的展開、また行政の行動原理など、政策論の部分を中心に多くの重要なご指摘を頂いた。
　東京工業大学エージェントベース社会システム科学研究センターに所属した当時の同僚として、岡安英俊氏（現ボストン　コンサルティンググループ）・七邊信重氏（現マルチメディア振興センター）には、お互いの博士論文に関する議論や執筆状況を報告し合い、その甲斐あり3人全員が博士論文を提出できた。出口弘先生の研究室秘書の林原雅美氏には同研究室での研究・教育活動に多大なサポートを頂いた。
　私が行政を対象にした研究を志したのは宇都宮大学農学部農業経済学

科時代、農政に関心を持ったことによる。とりわけ満州国の農政に関心を持ち、大栗行昭先生のご指導のもと、満州国の農業政策に関する卒業論文を執筆した。その後、国際連合世界食糧計画勤務を経て京都大学大学院法学研究科修士課程に進学し、真渕勝先生のご指導を得た。

　真渕勝先生には大学院時代の修士論文のご指導はもちろんのこと、大学教員として研究を再開した後、科学研究費補助金による研究の分担者として研究の一端を担わせて頂いた。今般その研究の成果が今回の博士論文に活かされたこと、また出版に関するご助言・ご助力を頂き今回の刊行となったこと、改めて感謝を申し上げたい。

　私がクリエイティブ産業研究をはじめるきっかけは、2008年に東京大学大学院情報学環コンテンツ創造科学産学連携教育プログラムに特任講師として赴任したことによる。同プログラム代表原島博先生にはその機会を頂いたこと、また同プログラムのさまざまな事業に関わせて頂き、大変感謝する次第である。また同プログラム終了後、コンテンツ創造教育研究コアにて吉見俊哉先生に、同コア終了後は田中秀幸先生に引き続きコンテンツ産業研究を継続する機会を頂いた。吉見先生には自由な研究の機会を頂き、さまざまな着想を得ることができた。田中先生には学会での共同発表や学際情報学府での商業集積調査特別演習など、教育・研究面で大変お世話になった。東京大学大学院情報学環、コンテンツ創造科学産学連携教育プログラムや田中秀幸先生の研究室のコミュニティは、私にとって第二の母校というべき存在である。

　また、慈学社の村岡俞衛氏には、本書出版の機会を与えて頂いたことにこの場をお借りして感謝の意を申しあげたい。本書刊行の打合せにおいて「日本がこの先どのようにして食べていくのかという難しい課題へのヒントになる」というお言葉を頂いたことを大変嬉しく感じた次第である。

　本書ならびに博士論文とその元となった各論文の執筆にあたっては、インタビューや相談など多くの方にお世話になり、失礼ながらここにお名前を書ききることはできない。関連各位には、心より御礼申し上げる次第である。また、本書は科学研究費補助金　若手研究（B）「戦後日本の官僚制における人事データベースの構築とキャリアパス分析」（研究代表者：中村仁、課題番号：25780088）、基盤（A）「公共政策の総論的分析」（研究代表者：真渕勝京都大学法学部教授、課題番号：15K12989）、挑戦的萌芽研究「リスク管理のプラットフォーム」（研究代表者：真渕勝京都大学法学部教授、課題番号：25245019）、また、文部科学省平成21年度「人文学及び社会科学における共同研究拠点の整備の推進事業」委託

費による「服飾文化共同研究」の研究課題の公募事業「日本ファッションにおけるポップカルチャー的背景に関する研究——戦後日本のポップカルチャー資料収集を中心に」（研究代表者：田中里尚文化学園大学准教授）、文部科学省平成22年度「人文学及び社会科学における共同研究拠点の整備の推進事業」委託費による「服飾文化共同研究」の研究課題の公募事業「ファッション分野における政策的支援に関する研究——国内外の産業・文化政策を中心に」（研究代表者：中村仁）、公益財団法人科学技術融合振興財団平成24年度調査研究助成「多元的民主主義の視点からのクリエイティブ産業政策における合意形成に関する研究」（研究代表者：中村仁）、公益財団法人中山隼雄科学技術文化財団「ARGのまちづくり・社会支援への応用に関する基礎研究」（研究代表者：中村仁）による研究の成果である。厚く御礼申し上げたい。

　最後に私事で恐縮ではあるが、母と姉と亡き父への御礼を述べたい。母と姉は、父を亡くした直後に大学に進学し卒業後就職するも大学院に進学するなど将来の道がなかなか定まらない私を、大変な時期にも関わらず見守り、支え続けてくれた。母と姉のサポートがなければ大学へ進学することも、大学で教員になることも、学位を取得することも叶わなかったと感じている。亡き父は生前、私に普通には得られないだろう多くの経験を与え、それは今に至るまでさまざまな物の見方に活きていると感じている。残念ながら父は私の大学の入学を見ることもできなかったが、どこかで喜んでいると信じている。

　重ね重ねとなりますが、皆さま本当にありがとうございました。

　　　2015年9月

　　　　　　　　　　　　　　　　　　　　　　　　　　中　村　　仁

索　引

ア　行

秋葉原 UDX ビル……………………94
秋葉原駅………………………………92
秋葉原地域 ……25, 59, 60, 78, 80-82, 85-
　88, 90, 102, 153
秋葉原電気街振興会 ……………88, 90
アゲ嬢 ……………………………64, 67
アサミ（ラジコン）…………………93
アタッシェ・ドゥ・プレス（attache
　de press）……………………………74
アニメイト……………………………94
アニメエクスポ（アメリカ）………44
アメ横（アメヤ横丁）………………81
アントワープ王立芸術アカデミー …118
伊勢屋丹治呉服店……………………90
イノベータ ………………………65, 70
ヴィヴィアン・ウエストウッド……46
ヴィジュアル系 …………………41, 47
ヴィジュアルプレス…………………75
エミリーテンプルキュート…………46
大型装置産業 ……………………19, 21
オートクチュール ………………15, 61
オーバーニー…………………………45
おしゃP ……………………………72, 75
オピニオン・リーダー……63, 65, 67, 70,
　71, 75, 76, 78

カ　行

外務省…………………………………52
下位目標の内面化……………133, 138
カクタエックスワン…………………93
家産官僚制……………………………133
学校制服………………………………52
学校法人文化学園……………………127
家電量販店……………………………93
カリスマ店員 ……………………73, 75
下流コンテンツ …………………43, 46
カワイイ大使 ……………………54, 55
官営製鉄所……………………………159
環境アセスメント法制化 …………136
完コピ…………………………………41
神田寺…………………………………93
官僚制…………………………………133
基幹産業 …………10, 26, 30, 34, 155, 161
起業環境 …………………………59, 153
機能的価値 …………………………8, 9
教育制度………………………………23
共管競合………………………………132
行政制度………………………………23
共同商業ビル ……………80, 85, 86, 92
近代官僚制……………………………133
金融機関資金金融通準則……………157
クール・ジャパン……………………15
クリエイティブ・ディレクター …48, 75
クリエイティブ産業……9-12, 22, 24, 26,
　27, 40, 60, 103, 112, 131, 155, 161, 163
クリエーション＆レピュテーション
　………………………………………26, 27
経済産業省……12, 33, 131, 137, 140, 146,
　154
小悪魔 ageha…………………………64
恋文横丁………………………………98
広域的商業集積地 ……25, 59, 80, 87, 153
郊外型大型ショッピングセンター(SC)
　………………………………………86
神戸コレクション……………………36
国際連合貿易開発会議………………11
ゴシック・ロリータ …37, 41, 45, 48-50,
　52, 54, 55, 57, 68
　──ファッション…………………49
コスチュームプレイ（コスプレ）…37,

索　引

44, 57
護送船団方式 …………………………158
コミックマーケット（日本）…………44
コミュニケーションの２段階の流れ…63
コンテンツ産業……11, 14, 16, 21, 24–26,
　31, 40, 59, 60, 78–80, 87, 102, 105, 112,
　131, 141, 142, 152, 153, 159–161
　──政策 ……………………132, 133
コンテンツの創造、保護及び活用の
　促進に関する法律 …………………139
コンピュータ関連産業 ………………137

サ 行

ザ・コンピュータ館……………………93
サービス業………………………………19
サービスチェイン ……………………163
財団法人ファッション産業人材育成
　機構 ……………………………116, 124
サイハイソックス………………………45
桜を見る会………………………………53
三桜電気…………………………………93
産業資金貸出優先順位表 ……………157
産業政策………………19, 131, 156, 158
産業論 …………………………8, 19, 23
質的調査法………………………………22
渋カジ（渋谷カジュアル）……62, 67, 78
渋谷駅前整備計画………………………97
渋谷系……16, 25, 31, 34, 38, 59, 61, 64, 65,
　67, 69, 72, 73, 75–79, 110, 154
渋谷西武…………………………………98
渋谷地域……25, 59, 61, 81, 82, 85–87, 102,
　153, 154
渋谷地下街………………………………99
渋谷地下商店街…………………………97
渋谷マークシティ………………………97
社会階層……………………………61, 62
ジャパンエキスポ（フランス）………44
重要産業 ………………………………157
商業集積 ………………27, 59, 80–82, 153
商業集積地…………26, 80, 81, 86, 87, 153
商業ビル…………………………………85
情緒的価値 ………………………………9
商店街……………………………………86
消費行動…………………………………61
消費者行動…………………………59, 69, 153
情報処理産業 …………………………137
情報通信 ………………………………142
情報通信作品振興課 ………143, 145, 146
情報通信産業 …………………………137
情報通信政策課 ………141, 143, 145, 146
情報流通振興課 ………………………146
上流コンテンツ…………………………43
少量多品種……………………27, 37, 59
ショップ店員……………………………72
白木屋……………………………………97
新世紀エヴァンゲリオン………………53
スタイリスト ……………………70, 74
ストリート・スナップ……35, 65, 68, 69,
　74, 76, 78, 110
ストリート・ファッション ………25, 61
生活文化創造産業課………………12, 131
製糸産業…………………………………18
制服………………………………………45
制服ファッション ………………41, 57
制服風ファッション ………………54, 55
西武百貨店………………………………85
世界コスプレサミット（WCS）……44, 55
セックス・ピストルズ…………………47
繊維・ファッション産業…32–34, 38, 152
繊維課………………………………33, 131
繊維産業 ………………………30, 34, 117, 163
専属契約…………………………………69
セントラル・セントマーチンズ・カ
　レッジ オブ アート アンド デザ
　イン ……………………………………119
造船・鉄鋼・戦争関連産業……………19
創造的産業 ………………………………14
総務省…………14, 131, 137, 141, 146, 154
ソフマップ総合アミューズメント館…93

タ 行

第１次・第２次 VAN 戦争 …………136

ダイビル‥‥‥‥‥‥‥‥‥‥‥‥‥‥94
脱社会階層化‥‥‥‥‥‥‥‥26, 61, 153
多品種少量生産‥‥‥‥‥‥‥‥‥‥154
知的財産推進事務局‥‥‥‥‥‥‥‥139
知的財産戦略本部‥‥‥‥‥‥‥‥‥139
中間組織‥‥‥‥‥‥‥‥‥‥‥‥‥27
中小企業庁‥‥‥‥‥‥‥‥‥‥‥131
長期信用銀行‥‥‥‥‥‥‥‥‥‥159
超多様性市場‥‥‥10, 17, 24, 30, 31, 34, 88, 152, 160
著作権産業‥‥‥‥‥‥‥‥‥‥‥‥14
鎮火神社‥‥‥‥‥‥‥‥‥‥‥‥‥90
通商産業省‥‥‥‥‥‥‥‥‥137, 140
ツクモパソコン本店‥‥‥‥‥‥‥‥93
帝国石油株式会社‥‥‥‥‥‥‥‥159
ディストリビューター‥‥‥‥‥‥108
定性的研究‥‥‥‥‥‥‥‥‥‥‥‥22
定量的研究‥‥‥‥‥‥‥‥‥‥‥‥22
デザイナーズ・ブランド‥‥‥‥‥‥33
デベロッパー‥‥‥‥‥‥‥‥‥‥108
電気工業専門学校(現在の東京電機大学)‥‥‥‥‥‥‥‥‥‥‥‥‥‥‥‥‥92
東急百貨店‥‥‥‥‥‥‥‥‥‥85, 97
東京ガールズコレクション‥‥‥‥‥36
東京コレクション‥‥‥‥‥‥‥‥‥55
東京都電車(都電)‥‥‥‥‥‥‥‥90
東京発　日本ファッション・ウィーク‥‥‥‥‥‥‥‥‥‥‥‥‥‥‥31, 33
道玄坂共同ビル‥‥‥‥64, 83, 97, 98, 100
読者モデル‥‥35, 36, 65, 68–71, 74–76, 78, 109, 110
富岡製糸場‥‥‥‥‥‥‥‥‥‥‥159
とらのあな‥‥‥‥‥‥‥‥‥‥‥‥94
トリクル・ダウン‥‥15, 25, 61, 77, 78, 153
ドン・キホーテ秋葉原店‥‥‥‥‥‥94

ナ 行

70年代通商産業ビジョン‥‥‥‥‥‥9
日本開発銀行‥‥‥‥‥‥‥‥‥‥159
日本型クリエイティブ産業‥‥‥8, 10, 17, 18, 23, 25, 26, 95, 131, 152–154, 161
日本型コンテンツ産業‥‥‥‥‥‥‥17
日本型ファッション産業‥‥‥‥‥‥60
日本政策投資銀行‥‥‥‥‥‥‥‥159
日本製鐵株式会社‥‥‥‥‥‥‥‥159
日本電気‥‥‥‥‥‥‥‥‥‥‥‥‥93
ニューヨーク州立大学ファッション工科大学‥‥‥‥‥‥‥‥‥‥‥‥‥‥122
飲兵衛横丁‥‥‥‥‥‥‥‥‥‥‥‥99

ハ 行

パーソンズ・スクールオブデザイン‥‥‥‥‥‥‥‥‥‥‥‥‥‥‥‥‥118
ハイ・ファッション‥‥‥‥‥‥‥‥31
破壊困難な社会現象‥‥‥‥‥‥‥150
パブリッシャー‥‥‥‥‥‥‥‥‥108
パリ・コレクション‥‥‥‥‥‥‥164
パンクファッション‥‥‥‥‥‥‥‥49
販売員‥‥‥‥‥‥‥71, 72, 74–76, 78, 109
皮下注射モデル‥‥‥‥‥‥‥‥‥‥63
非機能的価値‥‥‥‥‥‥‥‥‥‥‥8
百貨店‥‥‥‥‥‥‥‥‥‥‥‥80, 82
廣瀬商会‥‥‥‥‥‥‥‥‥‥‥‥‥92
ファストファッション‥‥‥‥‥‥‥15
ファッション・リーダー‥65, 68, 71, 72, 75, 76, 78
ファッションアイコン‥‥‥‥‥‥‥41
ファッション型産業‥‥‥‥‥‥‥‥9
ファッションコミュニティー109‥‥‥100
ファッション産業‥‥15, 17, 21, 23–26, 30, 33, 34, 37, 40, 59, 60, 81, 87, 102, 109, 110, 112, 131, 153, 154, 160
フォロワー‥‥‥‥‥‥‥‥‥‥‥‥63
福岡アジアコレクション‥‥‥‥‥‥36
複製芸術‥‥‥‥‥‥‥‥‥‥‥‥‥60
復興金融公庫‥‥‥‥‥‥‥‥‥‥159
古川電気‥‥‥‥‥‥‥‥‥‥‥‥‥93
プレス‥‥‥‥‥‥‥‥71, 73, 75, 76, 78
プレス・マネージャ‥‥‥‥‥‥‥‥74
プレタポルテ‥‥‥‥‥‥‥‥‥15, 61
プロデューサー‥‥‥‥71, 75, 76, 78, 109
文化外交‥‥‥‥‥‥‥‥‥‥‥‥‥55

索　引　185

文化学園大学（旧：文化女子大学）…127
文化関連産業課 ……………………141, 144
文化産業………………………………………14
文化情報関連産業課 ………13, 141, 143, 144, 146, 148
文化ファッション大学院大学 ………127
文化服装学院 ……………………117, 127
文化用品課 ……………………………140
分業・協業体制………………26, 153, 154
分担管理の原則 ………………………134
ベルサール秋葉原……………………………94
防災建築街区造成法……………………99
ポップカルチャー ……………………40, 41
　　――音楽…………………………………41
　　――作品………………………24, 41, 153
　　――ファッション ………………41, 49
ボトム・アップ …………………25, 61, 153
ポリモーダ ……………………………116

マ　行

マリス・ミゼル…………………………………48
マルイワン………………………………………50
マルキュー………………………………………65
マルニマーケット………………………………99
マンションアパレル …………………110
万世橋駅…………………………………………90
まんだらけ同人館………………………………94
民間外交…………………………41, 55, 57
メーシーズ………………………………………15
モデル……………………68, 71, 74-76, 78
モワ・メーム・モワティエ……………………48

ヤ　行

山際電気商会……………………………92
闇市………81-85, 92, 97, 98, 100, 102, 153
有閑階級…………………………………………61
ユーザ発イノベーション………………58
ユニクロ…………………………………15, 164
容器リサイクル法制化 ………………136
揺籃地 ……………………27, 59, 80, 87
４上流コンテンツ………………………43

ラ　行

ラグジュアリー・ブランド ………32, 34
ラジオ会館………………………………93
ラジオストア……………………………85
ラジオセンター…………………85, 100
ラジオデパート ………………………100
ラジオ放送………………………………92
ラフォーレ原宿…………………………50
リーシング………………………………74
リードユーザ…………………34-36, 38
量的調査法………………………………22
連合国軍最高司令官総司令部（GHQ）
　………………………………………84
ローゼンメイデン………………………50
ロケットアマチュア無線本館…………93
露天換地…………………………………87
露天商 ……………………81, 92, 97, 99
露天撤廃令………………………………92
ロリータ……37, 41, 45, 48-50, 52, 54, 55, 57, 68
　　――ファッション……………45, 46, 49

A～Z

AKB48 ……………………………53, 57, 94
Akihabara48劇場 ……………………94
Ank Rouge ……………………………75
apple ……………………………………164
Beverly Hills, 90210 ………………62
BitINN 東京 ……………………………93
Cecil McBEE ……………………35, 75
Creation & Reputation………31, 34, 160
CURE MAID CAFE …………………94
egg ………………………………65, 67
EGOIST …………………………………73
EMODA …………………………………75
Facebook ………………………………76
Forever 21 ……………………………15
H&M ……………………………………15
h.naoto ……………………………48, 49
IFIビジネススクール …………………125

Japan Imagination …………………75
JFW …………………………………33
Kari-ang ……………………………75
K-BOOKS ……………………………94
men's egg …………………………65
men's egg youth …………………65
mixi…………………………………76
MOKUBA ……………………………32
moussy ……………………………75
NANA ………………………………46

PCゲーム産業 ………25, 26, 59, 103, 104, 109, 154
Piaキャロレストラン ………………94
POLIMODA …………………………123
Popteen ……………………………65
SHIBUYA 109（通称：マルキュー）
………………31, 64, 71, 72, 85, 98, 110
The O.C. ……………………………62
Twitter ……………………………76

著者紹介
中村　仁（なかむら　じん）
1976年　東京都生まれ
2001年　宇都宮大学農学部農業経済学科卒業
2004年　京都大学大学院法学研究科修士課程修了
2013年　東京工業大学より論文により博士（学術）
国際連合世界食糧計画、帝国石油株式会社、産能短期大学能率科講師、東京大学大学院情報学環特任講師を経て、現在日本経済大学大学院経営学研究科准教授。東京大学「ファッション産業政策」、東京工業大学「ファッション政策論」「コンテンツサービス創出論」担当。

クリエイティブ産業論

2015年12月12日　初版第1刷発行

著　者　中村　仁
発行者　村岡俞衛
発行所　有限会社　慈学社出版　http://www.jigaku.jp
　　　　190-0182　東京都西多摩郡日の出町平井2169の2
　　　　TEL・FAX 042-597-5387

発売元　株式会社　大学図書
　　　　101-0062　東京都千代田区神田駿河台3の7
　　　　TEL 03-3295-6861　FAX 03-3219-5158

印刷・製本　亜細亜印刷株式会社　PRINTED IN JAPAN
Ⓒ2015　中村　仁
ISBN 978-4-903425-95-5

慈学社

真渕 勝 著
行政学案内 第2版
四六判　並製カバー　本体価格　1800円

風格の地方都市
四六判　並製カバー　本体価格　1800円

真渕勝・北山俊哉 編集
政界再編時の政策過程
A5判　上製カバー　本体価格　3800円

佐藤 満 著
厚生労働省の政策過程分析
A5判　上製カバー　本体価格　4000円

南 京兌 著
民営化の取引費用政治学
A5判　上製カバー　本体価格　4000円

森田 朗 著
会議の政治学
会議の政治学 Ⅱ
慈学選書　四六判　本体価格各　1800円

制度設計の行政学
A5判　上製カバー　本体価格　10000円

石井紫郎著
Beyond Paradoxology
Searching for the Logic of Japanese History
A5変型判　仮フランス装　本体価格　3000円